식품미생물학

머리말

미생물은 전염병이나 식중독 또는 식품의 부패에 관련하여 사람에게 해롭게 하기도 하나 한편으로는 식품이나 의약품의 제조, 환경의 정화, 에너지 생산 등에도 이용되는 등 인간에게 없어서는 안될 중요한 생물이다.

최근, 생물을 최대한 이용해서 물질을 생산하는 기술이 폭넓게 적용되어 바이오테크놀로지라는 이름으로 일반인에게도 알려지게 되었으며, 그 주역인 미생물에 대한 지식 없이는 생활과학에 대해 이야기할 수 없는 실정이 되었다.

응용미생물학은 눈부시게 발전되어 미생물에 관한 새로운 전문서도 많이 출간되었다. 하지만 응용미생물 분야는 범위가 넓어 배울 것도 많고, 처음 배우는 사람에게는 왠지 모르게 어려울 것 같은 생각이 들게 한다. 더구나 미생물은 눈에 보이지 않는 것이 그 대상이라 취급하는 것도 까다롭다고 생각한다.

이 책은 응용미생물학의 한 분야인 식품과 관련된 미생물에 대해 서술하고 실생활과 근접한 내용을 다루어 식품 미생물의 이용을 보다 쉽게 하기 위해 만들어졌다. 즉 1장에서는 미생물학에 대한 전반적인 개요와 분류에 대해 설명하였고, 2장 · 3장 · 4장 · 5장에서는 각각 세균, 효모, 곰팡이, 방선균에 대해 설명하였다. 6장에서는 미생물세포의 구조와 기능, 7장에서는 미생물의 생육과 환경, 8장에서는 미생물의 대사에 대해서 설명하였다. 9장에서는 발효식품과 미생물에 대해서, 마지막으로 10장에서는 식품의 부패와 미생물에 대해 설명하였다

집필진은 현재 연구와 교육 현장의 제1선에서 활약하고 있으며, 그동안 쌓아온 연구 및 교육 자료와 최근의 지식을 바탕으로 최대한 쉽게 설명하려고 노력하였다.

이 책을 통해 처음으로 미생물에 대해 공부하는 대학생을 비롯해 관련분야의 연구자들이 식품 미생물 분야에 흥미를 갖게 되고 또 도움이 되길 바란다.

이 책이 완성되기까지 물심양면으로 노력해준 파워북 김재원 실장께 진심으로 감사드린다.

저자 일동

CONTNETS

Chapter 3 효 모

Chapter 4 곰팡이

Chapter 7
미생물의 생육과 환경

Chapter 8
미생물의 대사

Chapter 9
발효식품과 미생물

미생물의 개요 및 분류

Chapter 1

1. 미생물의 의의
2. 미생물의 발견
3. 미생물학의 발전
4. 미생물 유전학과 분자생물학
5. 미생물의 명명법
6. 분류학상 미생물의 위치
7. 원핵생물
8. 진핵생물

1. 미생물의 의의

미생물은 일반적으로 현미경으로만 볼 수 있는 작은 생물을 말하나 곰팡이나 조류 같이 20μm 이상으로 큰 것도 있다. 게다가 전자현미경을 사용하지 않으면 실체를 관찰할 수 없는 바이러스도 미생물 범주에 넣기도 한다.

미생물이 처음 발견된 것은 300년 정도이나 그때까지 미생물이 인류에 어떤 영향을 미쳤는가는 알지 못했다. 단지 수메르인이 포도주를 담가 먹은 유물이라든가 고대 이집트의 벽화에 맥주나 빵에 대한 벽화가 남아 있어 후세인들은 그 이전부터 미생물을 이용해 왔다는 것을 추정할 뿐이다. 미생물이 발견되기 이전에도 인류는 경험에 의해 자연발효를 이용해 왔다. 그러나 이러한 현상이 눈에 보이지 않는 미생물의 작용에 의한 것이라는 것을 알고, 유용 미생물을 순수분리하면서, 처음으로 과학으로서의 미생물학이 탄생하였다.

미생물에 관한 지식은 그 후 의약, 위생 분야로 발달하여 사람들은 다수의 질병으로부터 보호될 수 있었다. 또 우량 미생물의 발견은 발효식품이나 미생물공업 등의 응용분야의 발전을 가져와 인류 복지를 향상시켰다.

더욱이 최근 미생물을 이용한 분자생물학의 발전은 식·의과학을 급속도로 발전시키는 결과를 낳았다. 그러나 인구증가, 경제 발전에 따른 자연환경의 파

그림 1-1

괴나 오염이 증가하고 있다. 이제는 미생물학이 환경정화에 어떻게 기여하느냐가 문제이다. 이와 같이 미생물에 대한 지식을 갖게 되면 일상생활에 유익하고 인류에게 큰 도움이 될 것이다.

2. 미생물의 발견

미생물의 존재를 처음 발견하여 기록한 것은 네덜란드의 Anton van Leeuwenhoek(1632~1723)이다. 그는 렌즈를 갈아서 270배의 현미경을 만들어 빗물, 맥류, 타액 등을 관찰하여 발견한 미생물들을 작은 소동물 animaculas 이라 이름 지어 1683년 영국 왕립협회Royal Society of London에 보고하였다. 그는 50년간 계속 이러한 관찰을 하였으나 관찰에 그쳐 이 '소동물'이 어떤 생리작용을 하는가에 대해서는 알 수 없었다.

그림 1-2

A. van Leeuwenhoek

그림 1-3 Leeuwenhoek가 만든 망원경

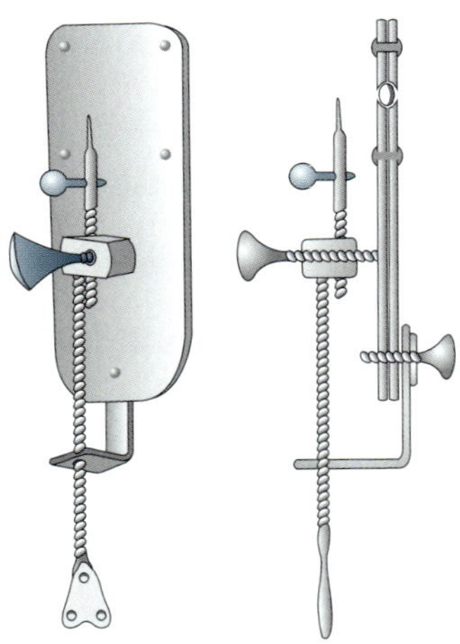

그림 1-4 Leeuwenhoek가 그린 사람 입속의 박테리아 그림

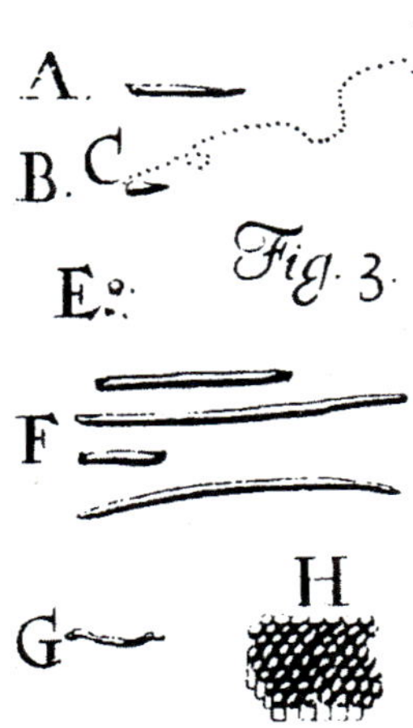

3. 미생물학의 발전

Leeuwenhoek에 의해 발견된 미생물의 존재를 과학으로 발전시켜 미생물학이 되기까지는 200년간의 공백이 있었다.

그림 1-5

Pasteur

19세기 중반이 되어서야 프랑스의 Louis Pasteur(1822~1895)와 독일의 Robert Koch(1843~1910)에 의해 미생물학의 기초가 확립되었다.

Pasteur는 프랑스의 주요 산업이었던 와인의 산패 현상에 대해 연구하여 알코올을 생산해 내는 것은 효모균이며, 산패를 일으키는 것은 포도주의 오염균인 유산균에 의한 것이라는 것을 발견하였다. 그는 산패 방지를 위해 발효 후 60℃로 가열하여 산패를 방지하는 pasteurization(저온살균법)을 찾아냈으며 "생물은 생물에서만 생긴다"는 생물 발생설을 주창하여 그때까지 학계에서 알려진 자연 발생설을 뒤집었다.

그림 1-6

Koch

Pasteur와 더불어 의학 분야에서 세균학의 아버지라고 불리는 독일의 Robert Koch가 등장하였다. Koch는 그 당시 유럽 전역을 휩쓸던 탄저병의 원인균을 발견, 쥐를 탄저병에 걸리도록 하여 병의 원인이 이 미생물에 의한 것임을 증명하였다. 또한 젤라틴 고체배지를 만들어 세균의 분리에도 성공하였고 콜레라균 및 결핵균도 발견하였다.

발효식품이 미생물에 의한 것이 아니라 그 미생물이 분비하는 각종 효소에 의한 것임을 실제 증명한 사람은 E. Buchner(1860~1907)였다. 그는 1897년 맥주 효모와 규조토, 모래를 넣고 갈아 압착한 무세포 추출 여과액에 설탕을 넣어 알코올 발효가 일어나는 것을 관찰하여 그 무세포 추출 여과액을 Zymase라고 명명하였다. 그 후의 연구에서 Zymase는 발효에 관여하는 효소의 혼합물이라는 것이 밝혀졌고, 미생물에 의해 일어나는 화학작용은 모두 효소에 의한 것임이 알려졌다. 이처럼 효모뿐만 아니라 미생물 전반에 걸쳐 일어나는 대사작용이 근육의 해당작용과 같다는 연구와 더불어, 1940년경 해당경로 Embden Meyerhof Parnas Pathway가 밝혀지게 되었으며, 이로 인해 미생물을 이용한 생화학 연구가 발전하였다.

1950년대 들어 아미노산이나 핵산 관련 물질의 직접 발효 연구가 활발해졌으며 세포막 투과성이나 대사조절 기구가 차례로 밝혀지게 되었다.

4. 미생물유전학과 분자생물학

1940년대 말에 박테리아와 파지를 사용한 실험 결과 DNA가 유전자의 본체임이 밝혀졌으며, 1953년 J. Watson과 F. Crick에 의해 DNA의 2중나선 구조 모형이 제시되었다. Nirenberg(1961~1966) 등에 의한 아미노산 배열과 핵산의 염기배열과의 관계, Jacob과 Monod(1961)에 의해 대장균을 이용, 유전자의 조절에 대한 operon 모델 등 현재의 유전학의 기초를 이루는 연구 성과가 이루어졌다. 즉, 생명을 분자레벨에서 다루는 분자생물학 Molecular biology의 전성시대가 도래했다.

5. 미생물의 명명법

미생물의 분류단계는 문 Division에서 시작되어 과 Family, 속 Genus, 종 species으로 표시한다.

미생물의 이름에는 속명 common name과 세계적으로 통일된 학명 scientific name이 있다. 속명으로는 빵효모, 푸른곰팡이, 대장균, 고초균 등이 있고, 학명은 미생물의 형태, 생식방법 등 분류학적 특징에 의해 분류해 체계적으로 이름 붙여 표현한다.

미생물에 관한 명명규약으로서 진균류(버섯, 곰팡이, 효모)에는 국제식물명명규약 International Code of Botanical Nomenclature, 세균류(세균, 방선균)에는 국제세균명명규약 Internationa. Code of Nomenclature of Bacteria이 있다.

이들 규약에 의하면 학명은 첫 자가 대문자로 된 속명 genus과 전체의 낱말

이 소문자로 되는 종명 species으로 된 이명법 binomial nomenclature으로 쓰고, 끝에는 명명자의 이름을 붙이는 경우도 있다. 변종 variety은 종명 다음에 var.을 쓰고 다시 변종명을 붙인다. 각 분류군의 학명은 모두 라틴어 또는 고유명사로 표기한다. 생산물 등의 형태적 특징, 생리적 특징, 분리원, 발견자명 등에서 유래되는 이름을 붙이는 경우가 많다. 쓰는 순서를 보면 속명, 종명, 변종, 발견자, 발견연도의 순서로 쓰며, 첫 글자는 속명은 대문자, 종명은 소문자로 쓰며 이탤릭체로 표기한다. 예를 들어 Aspergillus의 속명은 이 곰팡이의 분생자두의 형태가 세례할 때 사용되는 성수의 살수기와 닮아서 라틴어의 세례를 준다는 뜻의 aspergere로부터 유래되었다. 또한 *Aspergillus oryzae*의 oryzae는 쌀, *Aspergillus niger*의 niger는 검다, *Saccharomyces cerevisiae*의 속명은 설탕 saccharose의 균이라는 뜻이며 *cerevisiae*는 맥주라는 말을 의미한다.

6. 분류학상 미생물의 위치

미생물은 원핵세포로 되어 있는 미생물과 진핵세포로 되어 있는 미생물로 크게 나눌 수 있으며, 광학현미경과 전자현미경에 의한 연구결과로 그 미세구조가 밝혀졌다.

식물과 동물의 일반적인 차이는 세포벽의 존재 여부와 운동 능력의 유무, 일정한 물질의 합성능력 등을 들 수 있다.

전통적으로 일반 미생물은 모두 식물로 분류되어 식물계의 엽상식물문 Thallophyta으로 취급되었으며, 미생물로 취급되는 원생동물 protista을 동물계에 포함시키기도 하였다.

Linne(1707~1778)는 생물계를 동물계와 식물계로 크게 분류하였고, 미생물의 존재에 대한 충분한 인식이 없던 시기인 1866년 Haeckel은 식물계와 동물계 이외에 원생동물계를 두어 3계 체계를 제안하였고, 원시시대의 생물을 원생생물에 소속시켰다. 1969년 Whittaker는 생물을 에너지 획득방법과 원핵세포, 진핵세포로 구분하는 체계에 따라 식물계 plantae, 동물계 animalia, 균류계 fungi, 원생생물계 protista, 원핵생물계인 monera계로 분류하는 5계 체계를 제안하였다. 1977년 Woese는 원핵세포 ribosome의 염기배열 등을 비교하여 고세균, 진정세균 및 진핵생물의 3 domain을 제안하였다.

이처럼 진화의 초기에는 생물 공통의 조상으로부터 진정세균의 진화계통과 고세균 및 진핵생물의 진화계통의 두 방향으로 분화되고 그 후 다시 고세균과 진핵생물이 분화되어 다른 두 경로를 따라 진화되었다는 것이 밝혀졌다.

그림 1-7 원핵생물과 진핵생물의 모식도

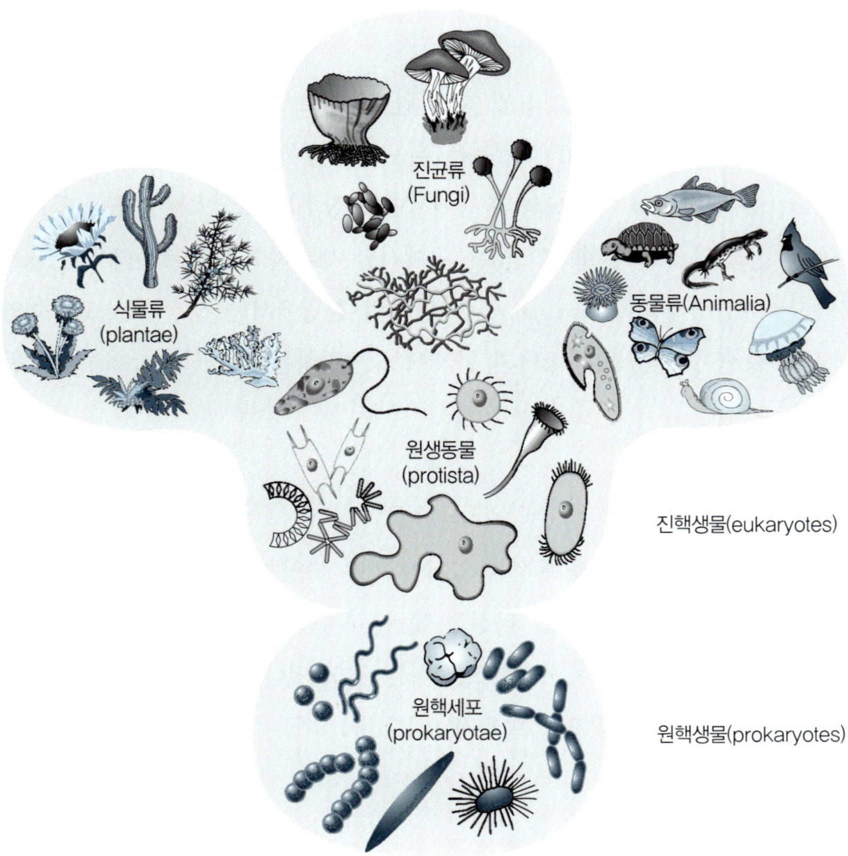

7. 원핵생물

원핵세포를 갖는 생물은 형태적 분화가 되어 있지 않고 그 모양이 구형이나 원통형이 대다수이며 고세균계에 속하는 고세균 archaebacteria과 일반적으로 단순히 세균 bacteria으로 불리는 진정세균 eubacteria이 이에 속한다. 원핵세포는 진핵세포와 비교하여 일반적으로 크기가 작고 구조가 간단하다. 또한 유전물질의 구조가 단순하여 단일분자의 DNA로 이루어진 구조를 가지는 등 큰 차이가 있다. 세포벽 조성이 특이적이고 대사가 다양하며, 산소가 없는 데서 생존하는 혐기성 anaerobic, 산소가 있어야만 생존하는 호기성 aerobic 성질을 갖는다.

1) 고세균(archaebacteria)

고세균은 특이한 생리적 성질을 지닌 원핵세포로 된 미생물로서 일반 미생물이 생장할 수 없는 약 90℃의 높은 온도에서만 생장하는 고도호열균 thermophiles, 높은 온도와 고산도의 환경에서만 생장하는 호열호산성균 thermoacidophiles, 산소가 전혀 존재하지 않는 곳에서만 생존하고 CO_2로부터 메탄올을 생산하는 메탄생성균 methanogenes, 고염도의 환경에서만 생장하는 고도호염균, 짙은 황산이 있는 낮은 pH의 환경에서 생장하는 호산성균 acidophiles 등이 있다.

2) 세균(bacteria)

세균은 그 형태나 생리적 특성에 있어서 매우 다양한 원핵세포로 된 미생물이며, 그 형태는 구형, 원통형, 나선형 및 불규칙한 형으로 서로 다르고 편모로 운동을 하거나 내열성의 포자를 형성하는 것도 있다. 많은 종류의 일반세균 이외에 항생물질의 생산균으로 알려져 있는 Streptomyces속의 방선균도 분류학상 세균에 포함된다.

8. 진핵생물(eucaryotes)

진핵생물에는 균류 fungi, 조류 algae, 점균류(변형균류 slime mold) 및 원생동물 protozoa 등이 있고, 세포구조는 다세포기관을 가지는 식물이나 동물의 진핵세포와 유사하다.

1) 균류(fungi)

균류는 원핵세포에 비하여 그 세포가 크고 핵, 액포, 미토콘드리아를 가지는 전형적인 진핵미생물이다. 영양원으로 유기물을 요구하며 세포벽은 단단하고 일반적으로 chitin이나 그 외 다당류로 되어 있다. 균류는 세균과 함께 식품미생물로서 중요한 역할을 하고 있으며 분포범위가 매우 다양하다.

일반적으로 균사 hyphae를 형성하는 균류를 곰팡이, 단세포로 존재하는 것을 효모, 큰 자실체 fruiting body를 형성하는 것을 버섯이라고 하며, 이들의 분류학적 위치를 보면 곰팡이는 균류 중의 조상균류, 자낭균류, 담자균류 및 불완전균류에, 효모는 자낭균류와 불완전균류에, 버섯은 담자균류에 주로 속한다.

2) 조류(algae)

조류는 엽록소를 가지며, 단세포 또는 사상체 등의 다세포로 존재한다. 전통적으로 조류로 생각되었던 일부 미생물들은 그 구조와 기관의 특징에 따라서 재분류되고 있다. 예를 들면 과거에 조류에 속했던 남조류는 산소를 발생하는 광합성 미생물이나 그 세포가 원핵세포이기 때문에 세균으로 분류되며, 갈조류와 홍조류는 조직분화를 볼 수 있기 때문에 다세포 생물로 분류하고 있다.

3) 점균류(slime mold)

점균류는 세포벽이 없는 다핵세포질의 집합체를 형성하는 것이 특징이다. 세균, 효모 등의 미생물이나 작은 유기 고형물을 섭취하고 주로 부패작용에 관여하며 나무 같은 식물체나 토양에서 생장한다.

4) 원생동물(protozoa)

원생동물은 세포벽이 없는 단세포이며 운동성이 있고 광합성을 하지 않는다. 엽록소를 갖고 있지 않으므로 조류와 구별되며, 세포벽이 없는 점에서 균류와 차이가 있다. 자실체를 형성하지 않기 때문에 점균류와는 구분된다.

세 균

Chapter 2

1. 세균의 형태
2. 세균의 크기
3. 세균의 번식
4. 세균세포의 구조
5. 세균의 분류
6. Gram 음성, 호기성의 간균 및 구균
7. Gram 음성, 통성호기성, 간균 : 장내세균과 Vibrio 포함
8. Gram 양성, 구균
9. Gram 양성, 내생포자 형성균(spore forming bacteria)
10. Gram 양성, 무포자, 간균
11. 관계세균

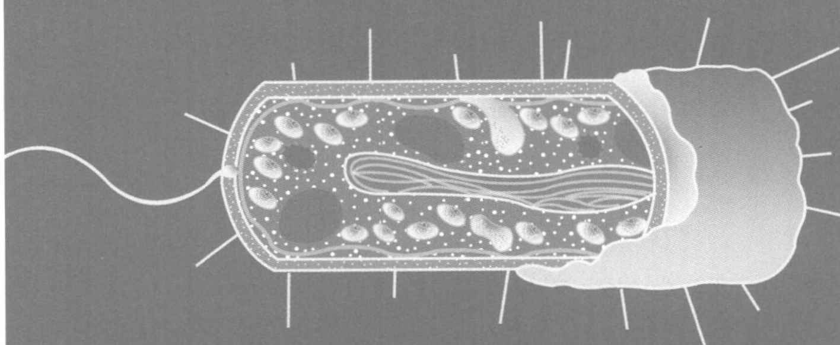

세균 bacteria은 곰팡이, 효모와는 다른 원시핵 세포 procaryotic cell의 구조를 가진 하등미생물 중 남조 blue green algae를 제외한 미생물이며 폭이 1μm 이하의 단세포 미생물로서 대부분 세포분열에 의해서 증식한다.

세균에는 단순한 일반세균 외에 형상이 다른 점액세균 slime bacteria, 스피로헤타 spirochaeta를 포함한다. 또 세균과 곰팡이의 중간적 성상을 가진 방선균 Actinomycetes도 세균에 포함된다.

세균은 구형 또는 막대형의 단세포이며 분열에 의해서 증식하는 특징이 있다. 세균은 약 3,000종이 알려져 있으며 자연의 공기, 흙, 물 등에 널리 분포하고 있다. 흙 1g 중 서식하는 세균의 수는 대략 수백만에서 수천만으로 알려져 있다. 식품미생물로서 중요한 것은 거의가 세균에 한정되어 있지만 세균은 우리 생활에 유익한 것, 무익한 것, 유해한 것 등 그 종류가 대단히 많다.

1. 세균의 형태

세균은 미세한 단세포 생명체로서 그 형태는 고정된 것이 아니라 배양조건과 배양상태에 따라 달라진다. 세균의 기본 형태는 일반적으로 적당한 배지에 20~24시간 배양한 것을 관찰하는 것이 보통이다.

구형이나 타원형인 것은 구균 coccus이라 하고, 원통형이나 막대기처럼 길쭉한 것은 간균 bacillus이라 하며, 나선형인 것은 나선균 spirillum이라 한다.

1) 구균(coccus)

구균은 종류에 따라 특이하게 배열되기 때문에 이러한 세균의 배열상태는 세균을 분류하는 중요한 기준의 하나이다 **그림 2-1**.

구균의 종류는 다음과 같다.

- 단구균 monococcus : 분열 후 세포가 각각 떨어져 존재

- 쌍구균 diplococcus : 분열 후 세포가 2개씩 연결되어 존재
- 연쇄상구균 streptococcus : 한쪽 방향으로만 분열하여 길게 연결되어 존재
- 4련구균 tetracoccus or pediococcus : 두 방향으로 분열
- 8련구균 octacoccus, sarcina : 세 방향으로 분열
- 포도상구균 staphylococcus : 분열 방향이 불규칙하여 포도송이처럼 존재

그림 2-1 구균의 분열형태

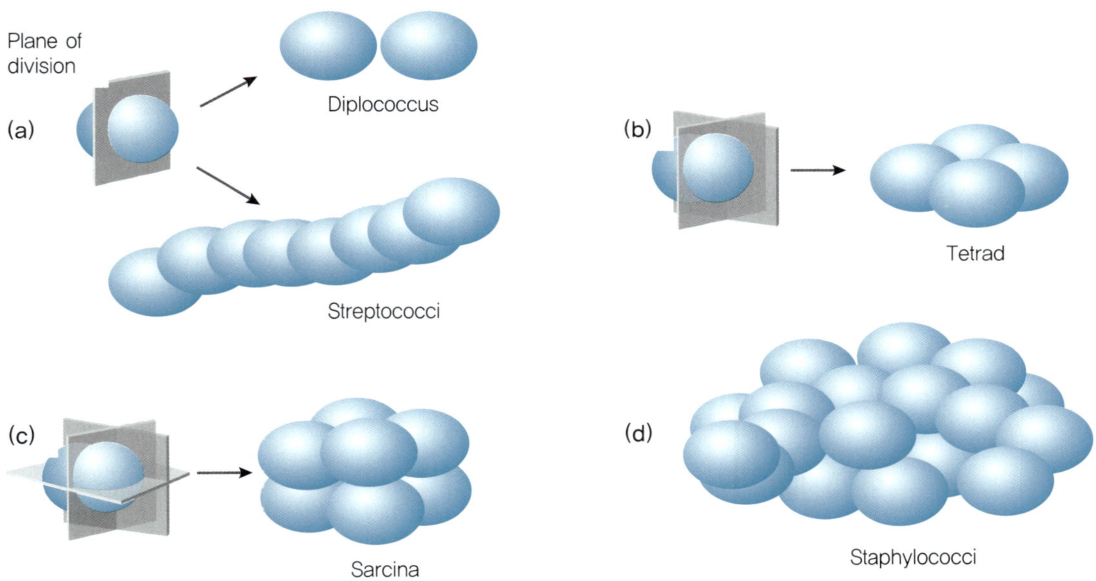

2) 간균(bacillus)

간균은 구균과 달리 여러 가지 특이한 배열을 하지 않는다 **그림 2-2**.

- 장간균 long rod bacteria : 길이가 폭보다 약간 긴 것이 보통이나 길이가 폭의 두 배 이상
- 단간균 short rod bacteria : 길이가 폭의 두 배 이하인 것
- 연쇄상간균 streptobacillus : 간균이 쌍을 이루거나 연쇄상으로 배열
- Coryne 형 coryne form : 세포가 V, Y자 모양으로 연결되어 존재

그림 2-2 간균과 나선균의 형태

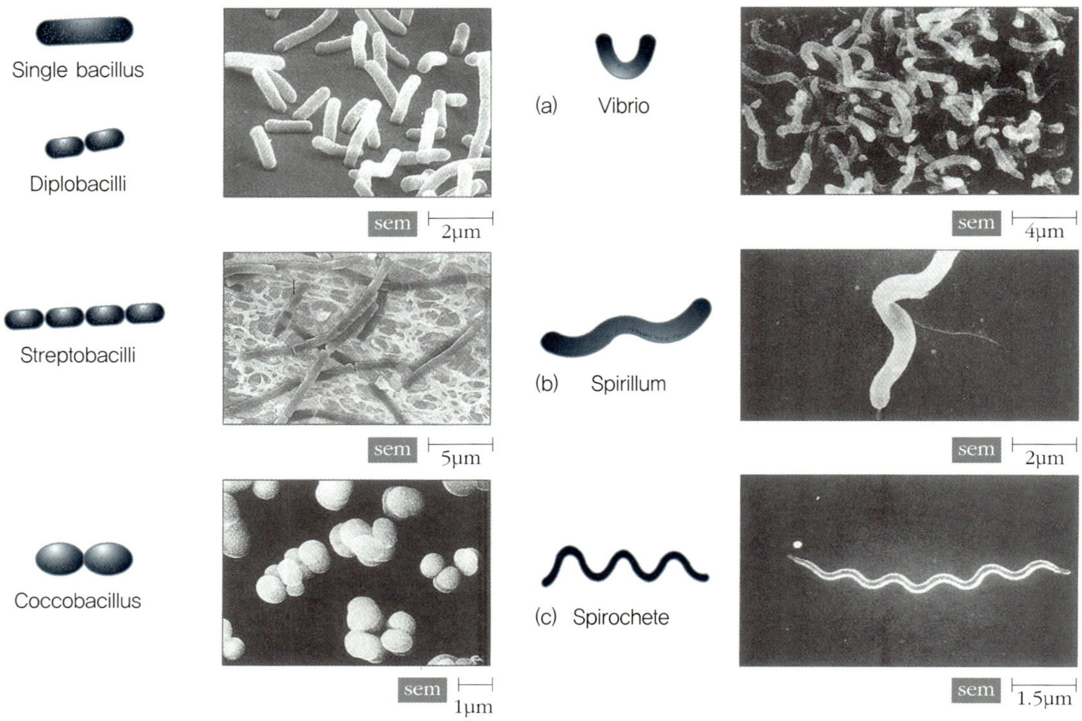

3) 나선균(spirillum)

나선균은 개개의 세포가 흐트러져 있으며 배열하는 경우는 거의 없다.

- 호균 vibrio : 짧은 콤마처럼 생긴 균
- 나선균 spirillum : 긴 나선상의 균

2. 세균의 크기

세균의 크기는 광학현미경을 이용할 경우 0.1~0.2μm 정도의 작은 것에서부터 10×40μm에 이르는 큰 것도 있으나 일반적으로 구균은 0.5~1.0μm, 간균은 0.1~1.0×1.0~3.0μm이다 표 2-1.

표 2-1 세균의 일반적인 크기

형 태	균 종	크 기(μm)
구균 coccus	*Streptococcus lactis* *Staphylococcus aureus*	0.5~1.0 0.8~1.0
간균 bacillus	*Escherichia coli* *Pseudomonas fluorescens* *Bacillus subtilis* *Lactobacillus acidophilus*	0.5×1.0~3.0 0.3~0.5×1.0~1.8 0.7~0.8×2.0~3.0 0.6~0.9×1.5~6.0
나선균 spirillum	*Vibrio cholerae* *Spirillum volutans*	0.3~0.6×1.0~5.0 1.4~1.7×16.0~28.0

세균세포 1개의 중량은 약 10^{-12}g 정도이기 때문에 세계 인구의 200배가 넘는 1조(10^{12})개의 세균을 한곳에 모으더라도 그 중량은 1g 정도에 지나지 않으며 그 부피도 1cc 정도에 불과하다.

3. 세균의 번식

세균은 무성생식을 하며 유성생식을 하는 것은 없는 것으로 알려져 있다. 세균을 분열균이라 하듯이 대부분의 세균은 무성생식 방법인 이 분열 fission법으로 증식을 하고 내생포자를 형성하는 것도 있다.

1) 분열법(fission)

세균의 증식법으로서 가장 대표적인 것은 분열법이다. 즉 간균이나 나선균은 먼저 세포가 신장하여 두 배 정도로 길어지고 중앙에 격막이 생기면서 두 개의 세포로 분열한다.

구균의 경우는 분열하기 전에 타원형으로 변하고 격막이 생기며 분열하는데, 분열하는 방향은 1방향 streptococcus, 2방향 pediococcus, 3방향 sarcina, 부정방향 staphylococcus 등으로 진행된다. 세포가 성장하여 다시 분열할 때까지

소요되는 시간을 세대 generation라 한다. 예를 들어 고초균인 *Bacillus subtilis*의 세대시간은 30분이고, *Vibrio cholerae*는 20분 정도이다.

2) 포자 형성(spore forming)

세균의 포자는 배양후기 등 환경조건이 나빠지면 외부적 조건에 대한 저항력이 강한 포자를 형성한다. 포자를 형성하는 세균은 주로 간균으로 호기성 세균인 *Bacillus* 속과 혐기성 *Clostridium* 속, 드물게 *Sporosarcina* 속이 있다. 이들 세균은 세포 내에 포자를 내생하는데 이를 내생포자 endospore라 한다. 보통의 균체, 즉 포자를 가지지 않고 생장대사를 하는 세포를 영양세포 vegetative cell라 하며 영양세포 속에 포자가 형성될 때를 포자낭 sporangium이라 한다.

다른 세균과 마찬가지로 아포균도 분열에 의하여 증식하나 어떤 조건하에서는 증식을 정지하고 세포 내에 포자를 형성한다.

유리포자는 대사활성이 극히 낮고 건조나 가열 등의 악조건에서도 대단히 강하여 장기간 생존하나 적당한 조건하에서는 급속히 발아한다. 포자를 형성하는 세균 중 포자 때문에 세포의 일부가 팽대하여 중앙이 방추형처럼 두꺼워진 것을 clostridium, 끝이 팽대하여 곤봉처럼 된 것을 plectridium이라 한다 그림 2-3.

그림 2-3 세균포자의 형태와 포자 형성 세균의 생활사

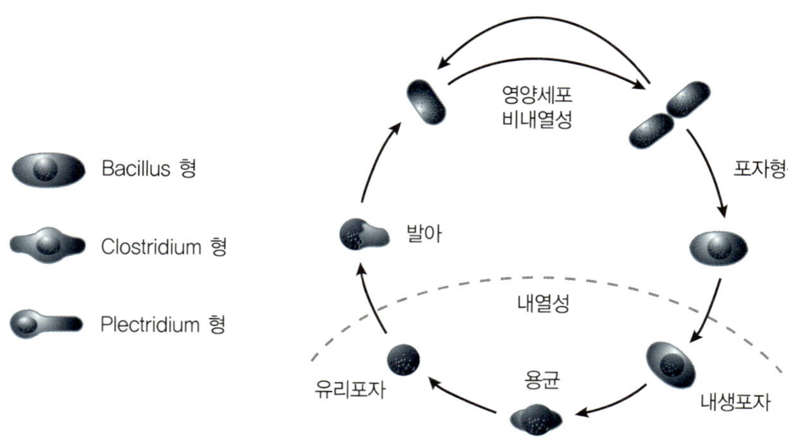

4. 세균세포의 구조

세균은 효모와 형태적으로 비슷하나 세포학적 구조는 대단히 다르다. 세균세포의 구조와 기능을 보면 그림 2-4, 표 2-2 와 같다. 일반적으로 대부분의 세균의 원형질은 다른 세포와 같이 세포막 cell membrane으로 둘러싸여 있으며, 그 외벽은 세포벽 cell wall으로 되어 독특한 형태를 나타내게 한다. 어떤 균은 세포벽의 외벽에 협막 capsule이라고 부르는 점질층 slime layer이 부착되어 있다. 세포벽은 극소량의 단백질과 지방질 및 다점류로 구성되어 있고, 직경은 1~2μm의 간격을 가지며 두께는 10~20μm의 단단한 물질이다. 이와 같이 점질물로 싸여 있는 집단을 특히 zoogloea라 칭하고 *Zoogloea* 속으로 분류하며 Pseudomonadales 목의 하수세균의 일종에서 볼 수 있다.

원형질은 염색질chromatin, 핵상물질 nucleoid과 단백질을 합성하는 대단히 작은 입자인 리보솜, 다당류, 지방질 등의 과립을 함유하고 있다. 세균은 효모의 핵과 전혀 다른 핵을 가지고 있다. 즉 세균은 원시 핵세포로 핵막 nuclear membrane과 분열기 mitotic apparatus가 없어, 단일 DNA가 원형질에 노출된 상태로 존재하므로 완전한 핵이라 하지 않고 유사핵 또는 핵상물질이라 한다.

그림 2-4 세균세포의 구조

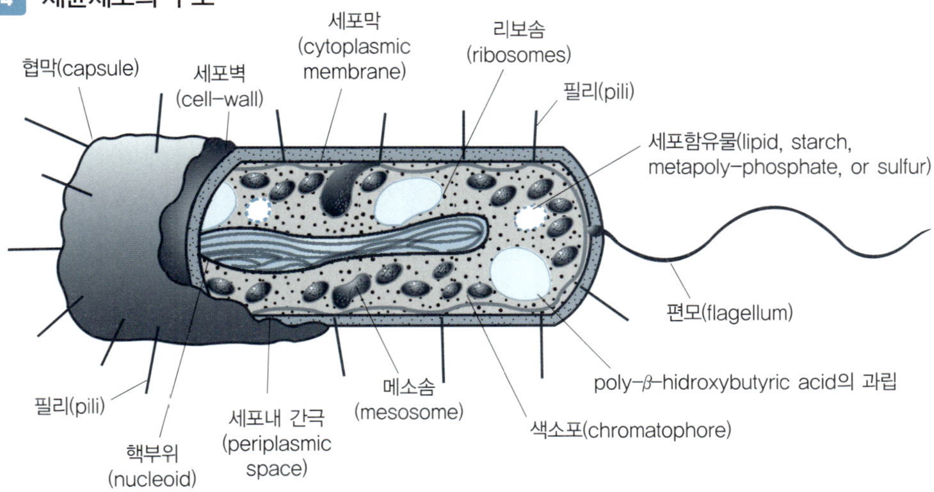

표 2-2 세균세포 구조의 특징

구조	기능	화학조성분
편모 flagellum	운동력	단백질 flagellin
선모 pili	유성적인 접합과정에서 DNA의 이동통로와 부착기관	단백질 pilin
협막(또는 점질층) capsule	건조와 기타 유해요인에 대한 세포의 보호	다당류나 폴리펩타이드 중합체
세포벽 cell wall	세포의 기계적 보호	다른 물질 teichoic acid, lipopolysaccharide과의 muco complex
세포막	투과 및 수송능력	단백질과 지질
메소솜 mesosome	세포의 호흡능력이 집중된 부위로 추정	단백질과 지질
리보솜 ribosome	단백질 합성	대부분 RNA와 단백질
세포함유물(또는 액포)	영양원의 저장, 축적	변화가 심하나 대개 탄수화물
핵부위 nucleoid	세균세포의 유전 genome	대부분 DNA

5. 세균의 분류

세균의 분류에는 과거부터 세포의 형태, 생리 및 생화학적 성상, 에너지 획득방법 등을 이용해 왔으나 근래에는 이외에 세포를 구성하는 물질의 화학구조, DNA, RNA 등의 정보물질 해석 등 화학분류 및 분자 계통적 방법도 함께 이용되고 있다. 종은 DNA 교잡에 의해서 구별하는 것이 원칙이다. 두 균주의 DNA를 한 가닥 사슬로 만들어 두 DNA를 재결합시켜 annealing, 그것의 70~75% 이상이 두 가닥 사슬을 만들면 이 두 균주는 같은 종이다.

세균의 분류법에는 ① 균의 형태, ② 그람염색성, ③ 산소요구성, ④ catalase 활성, ⑤ 당발효성, ⑥ 색소생성유무, ⑦ 편모의 유무 · 형태 및 위치, ⑧ 영양요구성, ⑨ 호염성 또는 내염성 및 삼투압성, ⑩ 포자의 형성유무 · 형태 및 위치, ⑪ 협막의 유무 · 형태 및 위치, ⑫ 탄소원 및 질소원의 자화성 등 여러 가지 방법이 있다.

세균의 분류방식은 미국의 Bergey식의 분류법과 러시아 및 동구지역에서 이용되는 Krassilinikov(1949)의 분류법, 그리고 프랑스를 비롯한 유럽 및 아프리카 일부 등지에서 쓰이는 Prevot(1961)의 분류법 등이 있다. 현재 우리나라에서는 Bergey의 세균분류 편람 Bergey's Manual of Determinative Bacteriology 제7판(1957)에 의하는 경우가 많으며, 분열균류를 먼저 Schizomycetes 강에 넣고 10목, 47과 91속의 약 1,200종 species으로 분류하였다. 제8판(1974)에서는 원시핵세포 kingdom procaryotae를 남조균문 division cyanobacteria과 진정세균문 division bacteria으로 대별한다. 그러나 식품 미생물학상 중요한 세균은 분열균류 Schizomycetes 강 중에서 거의 ① Pseudomonadales 목, ② Eubacteriales 목에 포함되어 있고, ③ Actinomycetales 목에도 유용한 균이 있지만 일반세균과 형상이 현저히 다르다.

Bergey's manual 제8판에서는 특히 효소 및 그람염색 Gram's stain에 대한 성질을 크게 취급하였다(표 2-3, 표 2-4). 또 유전 생화학의 진보를 도울 수 있는 DNA의 GC비를 기입한 것이 특색이며, 제8판 내용 중에서 식품에 비교적 관계가 깊은 세균은 대부분 7~12부의 그람음성균과 14~16부의 그람양성균으로 다음과 같다(표 2-5).

표 2-3 그람음성 세균 분류

	세포	운동성과 편모착생상태	산소요구성	기타 특징	추정되는 속
그람음성균	구균	없음	호기성		*Neisseria*
			혐기성		*Veillonella*
	간균	주편모	통성혐기성	당을 발효적 분해	*Escherichia* *Erwinia* *Enterobacter* *Serratia*
			호기성	질소 고정	*Azotobacter*
				공생적 질소 고정	*Rhizobium* *Agrobacterium*
				당의 분해가 특히 미약	*Achromobacter* *Alcaligenes* *Flavobacterium*
				알코올 산화 능력이 강함	*Acetobacter*
	나선균	극편모	호기성	세포는 콤마모양	*Vibrio*
			혐기성	세포는 나선모양	*Spirillum*

표 2-4 그람양성 세균 분류

	세포	운동성과 편모착생상태	산소요구성	포자	기타 특징	추정되는 속
그람양성균	구균	없음	호기성	없음	당분해 약함 당을 혐기적으로 분해	*Micrococcus* *Staphylococcus*
			미호기성	없음	세포는 연쇄상 당에서 젖산 생성	*Streptococcus* *Leuconostoc*
		있음	호기성	없음		*Planococcus* *Sporosarcina*
	간균	거의 없음	미호기성	없음	당에서 젖산 생성 Propionic acid 발효	*Lactobacillus* *Propionibacterium*
			호기성	없음	여러 모양으로 됨	*Corynebacterium* *Arthrobacter*
		조편모 또는 없음	호기성	있음		*Bacillus*
			혐기성	있음		*Clostridum*

표 2-5 Bergey's manual(제8판) 목록(Vol 1, 2)

KINGDOM PROCARYOTAE(원시생물계)
- Division Ⅰ: The Cyanobacteria
- Division Ⅱ: The Bacteria

Section 1
The Spirochetes
- Order Ⅰ: Spirochaetales
- Family Ⅰ: Spirochaetaceae

Section 2
Aerobic/Microaerophilic, Motile, Helical /Vibrioid Gram-Negative Bacteria

Section 3
Nonmotile, Gram-Negative Curved bacteria(나선 및 곡형세균)
- Family Ⅰ: Spirosomaceae

Section 4
Gram-Negative Aerobic Rods and Cocci(Gram 음성, 호기성 간균 및 구균)
- Family Ⅰ: Pseudomonadaceae
  - Genus Ⅰ: *Pseudomonas*
  - Genus Ⅱ: *Xanthomonas*
  - Genus Ⅳ: *Zoogloea*
- Family Ⅱ: Azotobacteraceae
  - Genus Ⅰ: *Azotobacter*
  - Genus Ⅱ: *Azomonas*
- Family Ⅲ: Rhizobiaceae
  - Genus Ⅰ: *Rhizobium*
  - Genus Ⅱ: *Agrobacterium*
- Family Ⅳ: Methylococcaceae
  - Genus Ⅰ: *Methylococcus*
  - Genus Ⅱ: *Methylomonas*
- Family Ⅴ: Halobacteriaceae
  - Genus Ⅰ: *Halobacterium*
  - Genus Ⅱ: *Halococcus*
- Family Ⅵ: Acetobacteraceae
  - Genus Ⅰ: *Acetobacter*
  - Genus Ⅱ: *Gluconobacter*
- Other Genera
  - Genus : *Alcaligenes*
  - Genus : *Halomonas*
  - Genus : *Brucella*
  - Genus : *Bordetella*
  - Genus : *Francisella*
  - Genus : *Thermus*

Section 5
Facultatively Anarobic Gram-Negative Rods(Gram 음성, 통성혐기성 간균)
- Family Ⅰ: Enterobacteriaceae
  - Genus Ⅰ: *Escherichia*
  - Genus Ⅱ: *Shigella*
  - Genus Ⅲ: *Salmonella*

Genus Ⅳ: *Citrobacter*
Genus Ⅴ: *Klebsiella*
Genus Ⅵ: *Enterobacter*
Genus Ⅶ: *Erwinia*
Genus Ⅷ: *Serratia*
Genus Ⅸ: *Hafnia*
Genus Ⅹ: *Proteus*
Family Ⅱ: Vibrionaceae
Genus Ⅰ: *Vibrio*
Genus Ⅱ: *Photobacterium*
Genus Ⅲ: *Aeromonas*
Genus Ⅳ: *Plesiomonas*
Other Genera
Genus : *Zymomonas*
Genus : *Chromobacterium*
Genus : *Gardnerella*
Genus : *Haemophilus(H. vaginalis)*
Genus : *Pasteurella*
Genus : *Actinobacillus*
Genus : *Cardiobacterium*
Genus : *Streptobacillus*
Genus : *Calymmatobacterium*

Section 6:
Anaerobic Gram-Negative Straight, Curved and Helical Rods(Gram 음성, 혐기성세균)
Family Ⅰ: Bacteriodaceae
Genus Ⅰ: *Bacteroides*
Genus Ⅱ: *Fusobacterium*
Genus Ⅲ: *Leptotrichia*
Other Genera
Genus : *Butyrivibrio*
Genus : *Succinivibrio*
Genus : *Succinimonas*
Genus : *Lachnospria*
Genus : *Selenomonas*

Section 7
Dissimilatory Sufate or Sulfur-Reducing Bacteria
Genus : *Desulfovibrio*

Section 8
Anaerobic Gram-Negative Cocci

Section 9
The Rickettsias and Chlamydias

Section 10
The Mycoplasmas

Section 12
Gram-Positive Cocci(Gram 양성세균)
Family Ⅰ: Micrococcaceae
Genus Ⅰ: *Micrococcus*
Genus Ⅳ: *Staphylococcus*
Genus Ⅲ: *Planococcus*
Family Ⅱ: Deinococcaceae
Other Genera
Genus : *Streptococcus*
Enterococcus
Oral Streptococai
Lactic Acid Streptococci
Genus : *Leuconostoc*
Genus : *Pediococcus*
Genus : *Aerococcus*
Genus : *Sarcina*
Genus : *Peptococcus*
Genus : *Peptostreptococcus*
Genus : *Ruminococcus*

Section 13:
Endospore-Forming Gram Positive Rods and Cocci (내생포자형성간균 또는 구균)
Genus : *Bacillus*
Genus : *Sporolactobacillus*
Genus : *Clostridium*
Genus : *Desulfotomaculum*
Genus : *Sporosarcina*
Genus : *Oscillospira*

Section 14
Regular, Nonsporing, Gram-Positive, Rods(그람양성, 내생포자비형성간균)
Genus : *Lactobacillus*
Genus : *Listeria*

Section 15
Irregular, Nonsporing, Gram-Positive, Rods
Genus : *Corynebacterium*
Genus : *Arthrobacter*
Genus : *Brevibacterium*
Genus : *Microbacterium*
Genus : *Cellulomonas*
Genus : *Propionibacterium*
Genus : *Eubacterium*
Genus : *Actinomyces*
Genus : *Bifidobacterium*

Section 16
The Mycobacteria
Family : Mycobacteriaceae
Genus : *Mycobacterium*

Section 17
Nocardiaforms
Genus : *Nocardia*

6. Gram 음성, 호기성 간균 및 구균

1) Pseudomonadaceae 과

운동성을 가지는 간균이며, 내생포자를 형성하지 않는다. 대단한 호기성이며, 식품의 표면 등에서 신속하게 증식하고 특유의 냄새나 색소를 생산하여 식품의 향이나 색택을 손상시킨다. 저온에 강하며 *Pseudomonas* 속, *Xanthomonas* 속, *Gluconobacter* 속, *Zoogloea* 속의 4가지가 있다.

그중 *Pseudomonas* 속은 그람음성, 무포자, 운동성 편모가 있는 간균으로 흔히 형광성인 녹, 청, 보라, 황색 등 수용성 색소를 생성하는 특성이 있다. 토양, 담수, 해수 등에 널리 분포하며, 동식물의 병원균, 어패류의 부패균인 것이 많다.

다음은 식품변패 원인균으로의 특성이다.

- 자연계에 광범위하게 분포(특히 물속), 수중세균
- 호냉균 psychrophile으로 5℃ 부근에서 생육하며, 최적온도는 20℃ 이하(식품의 저장, 냉장에서 증식)이다.
- 단순한 질소화합물도 이용, 생육인자 및 비타민류의 자기 합성능력이 있다.
- 단백질분해력(다량의 암모니아 생성) 및 유지 분해력이 강한 종이 있다.
- 당, 유기산, 방향족 화합물을 강력히 산화시킨다.
- 황록색의 형광성 색소 또는 황, 적, 갈색 등의 색소를 생성한다.
- pH 5.0~5.2의 약산성 환경에서도 생육한다.

■ *Pseudomonas fluorescens*(형광균)

분포가 가장 넓은 호냉성 부패균으로 겨울철 살균하지 않은 생유 raw milk에 발생하며 우유에 쓴맛이 나게 한다. 배지에서 녹색형광 색소를 생성하며 포도당에서 2-ketogluconic acid를 생성하고, 탄화수소 자화성이 있다.

■ *Pseudomonas aeruginosa*(녹농균)

상처의 화농부에서 청색 색소인 피오시아닌 pyocyanin을 생성하며, 식품의 부패, 우유의 청변을 일으킨다.

■ *Pseudomonas putida*

Bergey의 제8판에서는 *Pseudomonas ovalis*도 여기에 통합시키고 있다. 포도당에서 글루콘산을 생성한다.

■ *Pseudomonas mildenbergii*

L-idonic acid로부터 비타민 C의 합성과 관계있는 2-ketogluconic acid를 생성한다.

2) Halobacteriaceae 과

(1) *Halobacterium* 속

Halobacterium 속은 그람음성 호기성 간균으로 운동성을 나타내는 극모가 있다. 생육에 최저 12%의 식염이 필요하며 최적 식염농도는 28~32%이다. 낮은 식염하에서는 세포가 붕괴하고 식염포화하에서도 생육할 수 있다. 장류나 절임식품 등 식염에 의하여 보존되는 식품에 붉은 색소를 생산하며, *H. salinarium*이 대표균이다.

3) 기타 세균 속

(1) *Alcaligenes* 속

주모성 편모를 가진 그람음성 간균으로 단백질식품의 부패에 주로 관여하며 생육배지를 알칼리화시키는 특징이 있다. *A. viscolactis*는 우유의 점질화를 일으키며, *A. metacaligenes*는 치즈의 점질상으로 생육한다(최적온도 22℃).

(2) *Acetobacter* 속

초산균의 세포는 대체로 간상이며 때로는 긴 연쇄로 된다. 그람음성, 절대호기성, 비운동성이 많으나 운동성인 것도 있으며, 포자를 형성하지 않는다. 액체 배양 시 피막을 만들고 에탄올을 산화하여 초산을 만드는 것과 포도당으로부터 gluconic acid를 만드는 것이 있다. 초산발효는 산화발효로서 발효과정에 많은 산소가 필요하다.

$$C_2H_5OH \longrightarrow CH_3COOH + H_2$$

식초양조에는 *Acetobacter aceti*, *A. schutzenbachii* 등을 이용한다. *A. xylinum* *A. aceti* subsp. *xylinum*은 두꺼운 cellulose의 피막을 형성하고 있는데, *A. suboxydans* *Gluconobacter oxydans* subsp. *suboxydans*와 함께 식초양조에 유해한 균주이다.

(3) *Gluconobacter* 속

과일에서 분리되며, 얇은 피막을 만드는 간균이다. 포도당에서 gluconic acid를 생성하고 sorbitol을 sorbose로 산화시키며 비타민 C 합성에 이용된다. *Gluconobacter oxidans*는 여러 식품(야채, 과일, 빵효모, 맥주, 사이다, 식초 등)에서 발견되며, 부패와 과일의 신맛을 유도한다.

*Gluconobacter roseus*는 포도당을 산화하여 gluconic acid를 생성하며, D-sorbitol을 산화시켜 L-sorbose를 생성하는 sorbose를 발효, 비타민 C의 제조 원료가 된다.

G. liquefaciens *A. aceti* subsp. *liquefaciens*는 포도당으로부터 2.5-diketogluconic acid를 생성한다.

7. Gram 음성, 통성혐기성, 간균 : 장내세균과 Vibrio 포함

1) Enterobacteriaceae 과(장내세균)

Enterobacteriaceae 과에 속하는 세균들은 그람음성, 무포자, 통성혐기성 간균으로 주모 peritrichous flagella가 있다. 이 과에서 식품과 관계있는 속은 *Escherichia* 속, *Shigella* 속, *Salmonella* 속, *Enterobacter* 속, *Erwinia* 속, *Proteus* 속, *Serratia* 속, *Klebsiella* 속 및 *Citrobacter* 속 등이 있다.

어떤 식품에서 대장균이 검출되었다는 것은 이들 식품이 사람이나 동물의 대변에 오염되었을 가능성을 나타낸다. 대장균은 다른 세균과 달리 유당 lactose을 분해하여 CO_2와 H_2 등을 생성한다. 특히 우유, 아이스크림, 빙과류, 어패류 등에 대한 대장균 검사에 필수적이다.

(1) *Escherichia* 속

식품위생 검사에서 대장균군 coliform bacteria, coliaerogenes group이라 하는 것은 그람음성의 무포자 간균으로 유당을 분해하여 가스를 생성하는 호기성~통성혐기성의 균을 말하며 *Enterobacter* 속, *Klebsiella* 속, *Citrobacter* 속 등이 포함된다. 대장균군의 대표적인 균은 *Escherichia coli*와 *Enterobacter aerogenes* *Aerobacter aerogenes*이며 전자는 보통 동물 장관, 후자는 식물에서 기원되는 균이다. 양 균이 모두 유산, 에탄올, 초산, 호박산 및 가스를 생성하나 차이가 있다.

■ *Escherichia coli*

사람, 동물의 장내세균의 대표적인 균종으로 세포의 크기는 0.5×1~3μm로 식품위생에서는 음식물의 하수나 분변의 지표로 삼는다. 물, 토양, 식품 등에 널리 있으며 일상 식품에서도 흔히 검출되는 부패세균의 하나이다 그림 2-5.

그림 2-5

E. coli O157:H7

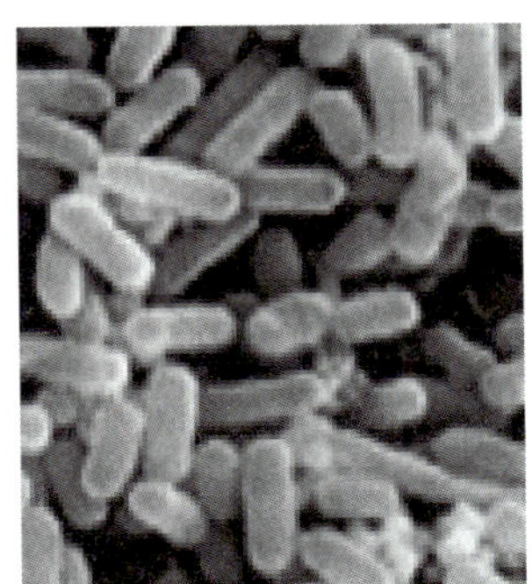

그림 2-6

Shigella sonnei

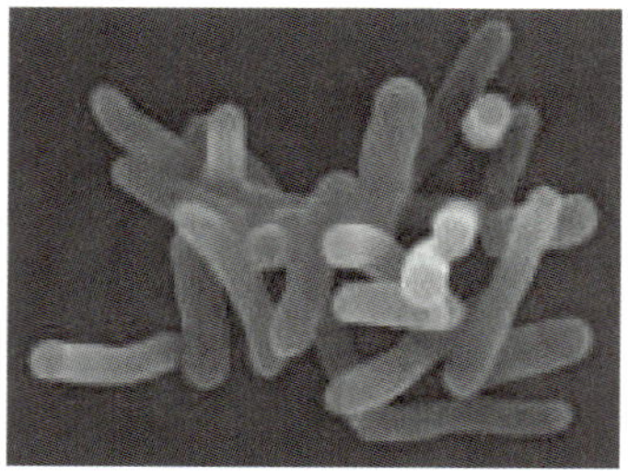

그림 2-7

Salmonella typhimurium

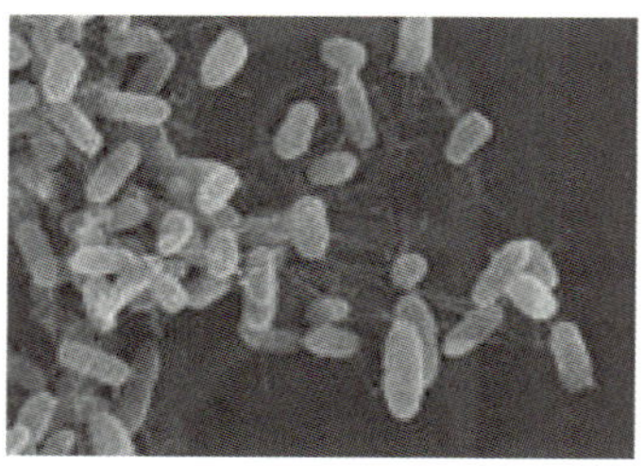

그림 2-8

Salmonella enteritidis

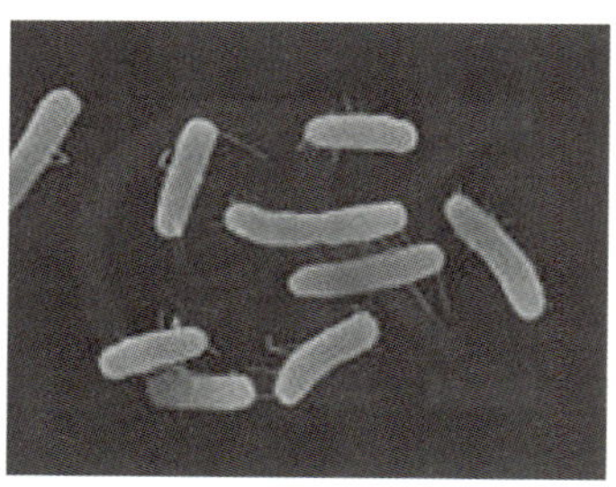

(2) *Shigella* 속

비운동성, 호기성 내지 통성혐기성으로 그람음성 간균이다. 세균성 이질원인균으로 식품이 *Shigella*의 운반 역할을 하는 것도 있다. *Shigella flexneri*와 *Shigella sonnei* 그림 2-6 가 있다.

(3) *Salmonella* 속

대장균과 유사한 간균이며, 주모로 운동하는 것과 운동성을 나타내지 않는 것 두 가지가 있다. 이 속의 장티푸스균 *Salmonella typhi*(일명 *Salmonella typhosa*) 등의 전염병균과 더불어 감염형 세균성 식중독의 원인균인 *Salmonella typhimurium* 그림 2-7, *Salmonella enteritidis* 그림 2-8 등이 여기에 속한다.

(4) *Enterobacter* 속 및 *Citrobacter* 속

Bergey 편람 제8판에서는 종래 *Aerobacter aerogenes*와 *A. cloacae*를 *Enterobacter aerogenes* 및 *Ent. cloacae*로 기재하고, 또한 *E. coli*와 유사균으로 유당을 서서히 분해하고 구연산염을 단일 탄소원으로 이용할 수 있는 균으로 *Citrobacter* 속으로 하여 *Citrobacter freundii*와 *Cit. intermedius*의 2종을 수록하고 있다. 이 균들은 사람의 장내에는 *E. coli*보다 적으나 식품에서의 분포는 오히려 많아서 생선, 패류, 두부, 샐러드, 생과자 등에서 분리한 대장균군 중에서 *E. coli*가 약 10~20%이고, 나머지가 *Citrobacter* 속과 *Enterobacter* 속이었다는 보고도 있다. *Enterobacter* 속 대장균과 유사, 비병원성으로 대장균 검사에서 대장균과 함께 검출된다. *Ent. aerogenes*와 *Ent. cloacae*가 있다.

(5) *Erwinia* 속

호기성 간균으로 운동성이 있으며 생육하는 데 유기태 질소를 필요로 하지 않으며, 대부분이 식물병원균으로 채소, 과일 및 그 가공품을 침해한다. 대체로 *Erwinia* 속 균은 전분 분해력은 없으나 펙틴 분해효소를 가지고 있어 *Pseudomonas* 속, *Bacillus* 속 등 다른 부패세균과 더불어 채소와 과일에 부착하여 수송 도중 혹은 시장에서 이들을 부패시키는 소위 시장병 market disease의 원인이 된다. *Er. atroseptica*는 감자의 흑균병의 원인균이 되며 *Er. carotovora*는 protopectinase의 활성이 강하여 청과 시장에서 세균 부패병의 주요 원인균이 된다. 생육적온은 27~30℃이고, 최고온도는 32~40℃ 범위이다.

(6) *Proteus* 속

그람음성 간균이며 주모로 활발히 운동하는 중온균으로 *Salmonella* 속, *Shigella* 속과 더불어 장내 병원균이다. 자연계에 널리 분포하며, 단백질 분해력이 강한 호기성 aerobic 부패균이다.

대표적인 균주는 *Proteus vulgaris*로 단백질 분해력이 강하여 심한 부패취를 유발하고, 설탕을 분해하여 산과 가스를 생성하며, 발효식품의 변패에도 관여한다. *Proteus morganii*는 알레르기성 식중독의 원인균으로 알려져 있다 그림 2-9.

그림 2-9
Proteus morganii

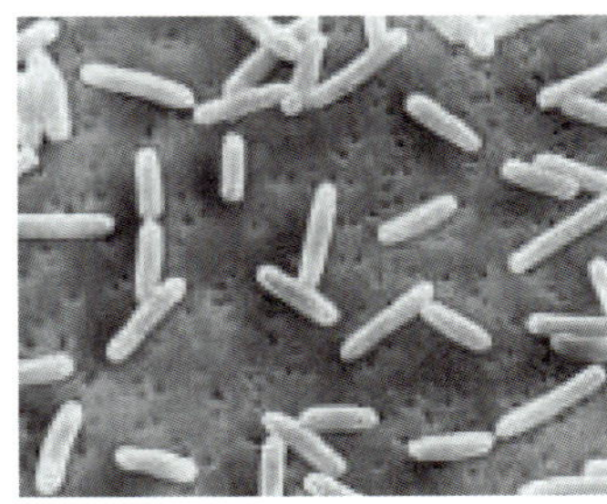

(7) *Serratia* 속

그람음성, 호기성, 단간균, 주모를 갖는 운동성 세균으로 적색색소인 프로디지오신 prodigiosin을 생성하며, 토양, 하수, 우유, 수산물 등에서 분리되고, 식품의 표면에 적변을 일으킨다. 대표적인 *Serratia marcescens*는 단백질 분해력이 강하여 식품에 심한 부패취를 나게 하고, 생선묵과 우유를 적변시킨다. 중온균이지만 4~6℃에서 생육하는 것도 있으며, 색소 생산 적온은 25~28℃이다 그림 2-10.

그림 2-10
Serratia marcescens

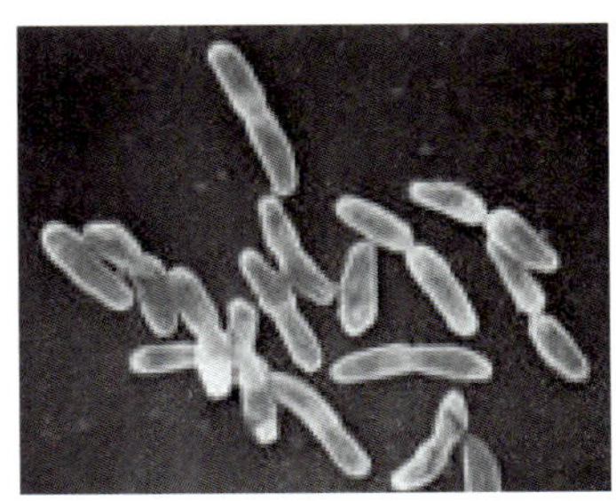

2) Vibrionaceae 과

이 과의 균종은 담수, 해수, 어패류 등에 많이 분포하고, 특히 해산어의 표피, 아가미, 장관, 그리고 동 · 식물성 plankton의 microflora에 많다. 저온 혹은 실온에서 보존할 때 이들 세균은 증식하여 부패에 관여한다. 이들 균의 부패 활성은 *Pseudomonas*보다 약하나 통성혐기성으로 혐기성에서도 증식할 수 있으므로 생선을 혐기성에서 저장할 때 주의하여야 한다.

(1) *Vibrio* 속

짧은 극모를 가지고 운동성이며, *Pseudomonas*와 비슷하나 세포가 호상이며, 연결되어 나선상으로도 된다. 담수, 해수, 토양 등에 널리 분포하며 생선이나 육류의 염수 침지물을 오염시킨다. *V. costicola*가 흔히 검출되며 *V. parahaemolyticus*는 어패류에 번식하는 식중독 원인균으로 주목되는 균이다. 이 균은 무염하에서 생육하지 못하며 3% 식염하에 가장 잘 생육하고 9~12%에서도 생육한다. 이외에 *V. cholerae*와 같은 강력한 전염성 병원균도 있다 그림 2-11.

그림 2-11
Vibrio cholerae

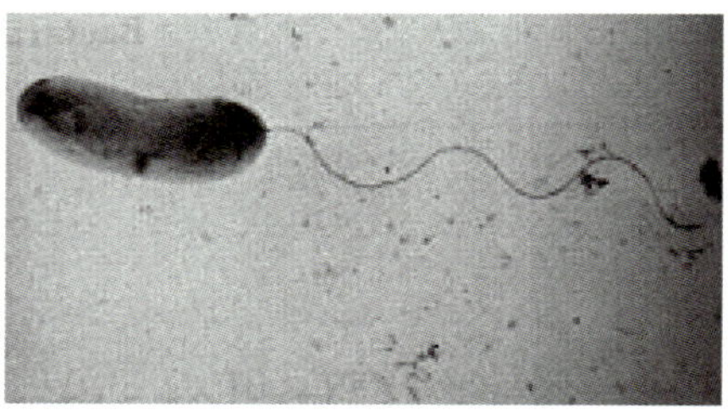

(2) *Photobacterium* 속

구형에 가까운 간균 또는 긴 간균으로 대개는 운동성이 없으나 극모를 가지고 운동하는 것도 있다. 5~10℃의 저온에서도 생장하고 3~5% 식염을 가지는 배지에서 가장 잘 발육하며, 또한 발광도 좋다. 식품에서의 분포는 적으나 생선이나 육류의 인광 발생균으로 *Ph. phosphoreum*이 잘 알려지고 있다. 해수성의 *Ph. fisherisms*은 생선의 부패력이 강하다.

3) 기타 세균 속

Flavobacterium 속은 호기성이고 무포자의 구형에 가까운 간균 또는 긴 간균으로 영양요구가 단순하여 한천 배지상에서 잘 증식하며 단백분해력이 있

다. 황, 등, 적, 황갈색 등의 색소를 생산하여 육류 표면의 착색과 어패류, 가금류의 알, 버터, 우유 등의 부패균 속으로 알려져 있다. 부패활성은 강하지 않으나 최적온도가 20~25℃가 되는 저온균이어서 해동 중의 채소에서도 생육하고 균주에 따라 4℃의 저온에서도 증식하는 것이 있으므로 주의하여야 한다.

물, 토양에도 존재하고 생선 표피에서는 *Fl. fucatum*, *Fl. solare* 등이 검출된다.

8. Gram 양성, 구균

1) Micrococcaceae 과

식품에 관련이 있는 Micrococcaceae 과로 *Micrococcus* 속, *Staphylococcus* 속, *Sarcina* 속 등이 있다. 무포자의 구균으로 세포분열이 2 또는 3평면상에서 일어나기 때문에 단구, 쌍구, 4련구, 8련구 및 불규칙한 덩어리로 되며 드물게 단연쇄도 존재한다. 대개는 그람양성으로 운동성이 거의 없고, 많은 종이 황, 등, 분홍, 적색의 색소를 만드나 백색의 것도 있다.

(1) *Micrococcus* 속

그람양성, 호기성, catalase 양성인 구균으로 자연계에 널리 분포해 있으며, 황색 내지 적색색소를 생성하는 경우도 있다. 내염성, 내열성이 강하고 많은 균종이 당류를 발효하여 산을 생성하며 점질물 slime을 형성한다.

육제품의 염지 curing에서 질산염 nitrate을 환원하여 아질산을 생성하고 고기를 발색시킨다. 발색은 pH의 영향을 받아 산성조건에서 쉽게 진행되기 때문에 glucose로부터 산을 생성하고 고기 색깔에 큰 영향을 준다. 또한 식품 표면에 생육하여 표면을 변색시킨다.

식빵에 번식하여 분홍빛으로 변색시키는 *Micrococcus roseus*가 대표적인 균이다.

(2) *Staphylococcus* 속

단, 쌍, 4련구 또는 포도상의 덩어리를 형성하는 그람양성의 구균으로 등색, 황색을 형성하는 통성 혐기성균이다. Coagulase(혈액응고효소)양성 균주인 *Sta. aureus*(포도상구균)는 황색-주황색 집락을 형성하며 생육에 유기질소원을 요구한다. 식염 10%하에서도 잘 생육하는 화농균으로 enterotoxine을 생성하는 식중독의 원인균이다 그림 2-12. Coagulase음성의 *Sta. epidermidis*는 병원성은 없고 동물(소의 유방, 유두, 피부 등), 생우유, 치즈 또는 양조물(청주, 된장, 간장의 코지)에서 많이 분리된다. *Sta. epidermidis*도 식염 내성이 꽤 강하고 식품 중 역할은 *Micrococcus* 속과 같으며 각각의 식품에 따라 다르다.

그림 2-12
Staphylococcus aureus

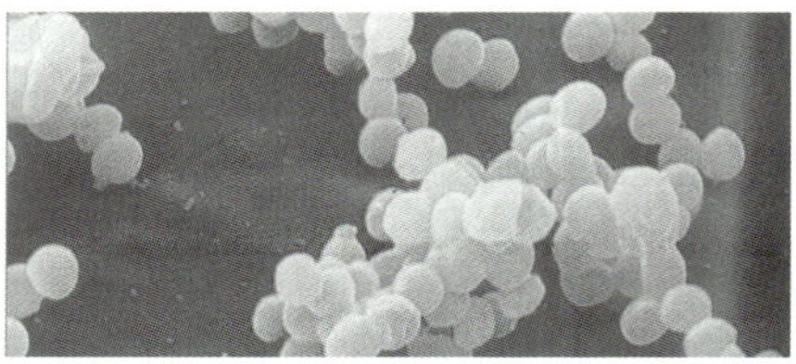

2) Streptococcaceae 과

이 과에는 *Streptococcus* 속, *Leuconostoc* 속, *Pediococcus* 속 *Aerococcus* 속, *Germella* 속 등이 있는데 식품과 관계가 깊은 것은 앞의 3가지 종류이다.

(1) *Streptococcus* 속

긴 연쇄상 구균으로 병원성을 가지는 것, 치즈나 요구르트를 발효시켜 주는 것들이 있다 그림 2-13.

그림 2-13
Streptococcus 속

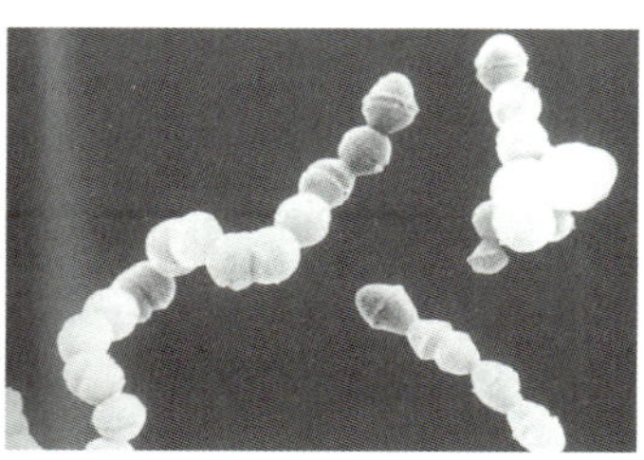

① *Streptococcus lactis*

난원형, 연쇄상으로 호기성 또는 통성혐기성 세균이다. 크기는 0.5~1.0μm, 생육온도는 10~40℃의 범위이다. 산패우유, 산패청주, 요구르트 등에서 볼 수 있으며 glucose, maltose 등을 homo형으로 발효시켜 우선성 유산을 생성한다. 치즈나 일부 요구르트 제조 시 starter로 사용한다.

② *Streptococcus faecalis*

난원형, 0.5~1.0μm, 대부분 쌍생이나 단연쇄로도 존재한다. 사람이나 동물의 장관에서 잘 생육하는 장구균의 일종이며, 여러 가지 변종이 있다. 유산균 제제나 미생물 정량에 이용된다.

③ *Streptococcus pyogenes*

화농성 병원균이며 동물체, 공기, 토양 등에 널리 분포되어 있고 육류의 초기 부패에 관여한다. 통성혐기성이며 여러 당류를 산변시킨다.

④ *Streptococcus thermophilus*

요구르트에 방향을 주는 내열성균이다. 생육적온은 40~45℃이며 homo형의 유산 외에도 glucose, fructose, sucrose 등을 산변시켜 우선성 유산을 낸다.

(2) *Leuconostoc* 속

유제품의 향기 생성과 절임 숙성에 도움을 주며 고농도의 당에서 견디는 것도 있다. 식품 외피에 닳이 분포되어 있고 hetero형의 유산발효를 한다. 그람양성 구균이다.

① *Leuconostoc mesenteroides*

구형, 0.9~1.2μm, 쌍생, 단 또는 장연쇄, sucrose 용액에서는 dextran으로 된 점질층에 싸여 있다. 발육적온은 21~25℃, 이 균은 점액 상태로 분리된다. 여러 가지 채소나 기타 식물의 발효제품에도 존재하고, 김치의 발효초기에 주로 발육하여 김치를 혐기성 상태로 만든다. 제당공장에서는 유해균으로 이 균 때문에 파이프가 막히는 수가 있다 그림 2-14.

그림 2-14 *Leuconostoc mesenteroides*

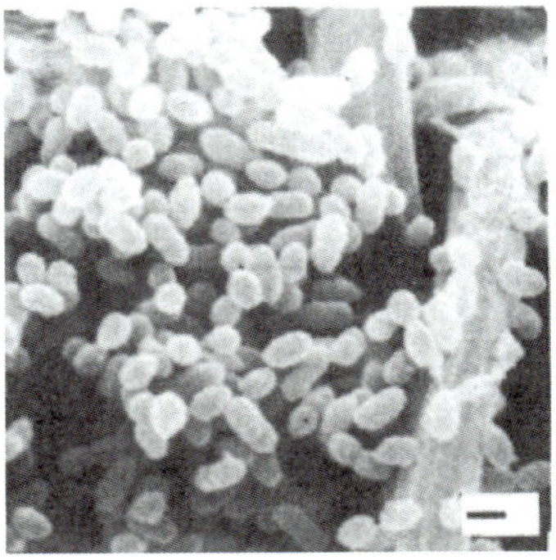

② *Leuconostoc dextranicum*

구형, 0.6~1.0μm, 쌍생, 단 또는 연쇄, 한천상의 집락은 작고, 회색, 약간 융기, 리트머스 우유를 약간 생산, 부분적으로 환원, 점질물의 생성이 없다

③ *Leuconostoc citrovorum*

구형, 0.6~1.0μm, 쌍생, 단 또는 연쇄, 한천상의 집락은 작고, 회색, 약간 융기, 리트머스 우유를 약간 생산, 부분적으로 환원, 점질물의 생성이 없다. 생육적온은 20~25℃이며 우유 및 낙농제품에 있다.

(3) *Pediococcus* 속

맥주의 변패 원인균으로 발견되었으며 근래는 발효야채, 간장, 된장 등에서도 분리되었다. *Pediococcus* 속의 공통된 성질은 그람양성, 비운동성, 무포자 구균이며 수직 2방향으로 분열하여 4련구균을 만드는 것이 특징이다. 단, 쌍구도 있다. 그러나 결코 연쇄상은 만들지 않는다. 통성혐기성 내지 미호기성으로 homo형에 속하고 catalase는 음성이다. *Pc. halophilus*는 간장, 된장, 김치, 침채류 등의 숙성에 매우 중요한 homo형 유산발효균으로 내염성균(20% 이상의 식염에서도 생육)이다. *Pc. cerevisiae*는 맥주 부패균이다.

3) Peptococcaceae 과

Sarcina 속은 세포가 비교적 대형인 그람양성 구균이다. 분열이 수직방향으로 3곳에서 일어나 규칙적인 8련구를 형성한다. 미호기성 또는 혐기성이며 식품에서는 호기성의 황, 등, 적색의 색소를 생성하는 균주가 많다. 최적온도가 25℃인 고도 호염균인 *Sar. lutea*는 염장어에서도 잘 생육한다. 이들 *Sarcina* 속 균은 공기, 물, 토양, 어패류 등에 분포하고 있다.

9. Gram 양성, 내생포자 형성균(spore forming bacteria)

세균 중에서 포자를 형성하는 세균은 제13부 Bacillaceae 과에 속하는 그람 양성, 간균, 호기성인 *Bacillus* 속과 혐기성인 *Clostridium* 속의 2속이 있다. 이들 세균의 포자는 내열성이 대단히 강하고, 그밖에 불리한 환경조건에서도 잘 견딘다.

포자는 토양 중에 비산하여 자연계에 널리 분포되어 있다. 식품에 혼입될 기회가 많기 때문에 식품 저장 특히 통조림에 문제가 되는 균군이다.

1) Bacillaceae 과 *Bacillus* 속

그람양성, 호기성 내지 통성혐기성의 중온, 고온성의 유포자 간균으로 catalase 양성이다. 자연계에 널리 분포되어 있다.

■ *Bacillus subtilis*(고초균)

고초균으로 85~90℃의 고온액화효소인 α-amylase와 protease를 생산하는 균주로 유명하여 subtilin이라는 항생물질을 생산하는 균주도 있다. 밥, 빵 등의 부패균이다.

■ *Bacillus natto*

청국장 제조에 관여하는 끈기 있는 균으로 일종의 고초균이다. 이 균은 마른 풀 등에서 생육하는데 biotin을 필요로 한다. 삶은 콩에 잘 번식하고 백색의 끈끈한 점질물을 만드는 균으로 독특한 향기를 내며, 실을 길게 내는 것도 있다. 이때 통단백질의 일부가 분해되어 가용성 질소화합물이 생겨 소화가 잘 되므로 식품의 가치를 향상시킨다. 강력한 amylase와 protease를 분비하며 생육적온은 42℃로 비교적 높다.

■ *Bacillus cereus*

세포의 크기는 0.8×2~2.5μm의 주모성이며, 포자는 타원형이다. 토양에 많이 존재하고 단백질과 지방의 분해 활성이 높으며 식중독 원인균이다 **그림 2-15**.

그림 2-15 *Bacillus cereus*

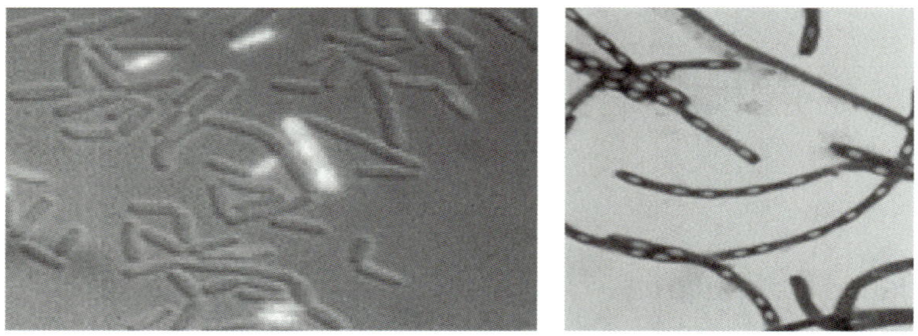

■ *Bacillus megaterium*

Mega라는 균명처럼 다른 균주보다 다소 큰 균으로 비타민 B_{12}를 생산한다.

■ *Bacillus coagulans*

*Bacillus coagulans*는 호기성, 통성혐기성균이고 비운동성으로 생육적온은 33~45℃로 부패식품, ensilage 등에 분포하고 α-amylase 생산균주가 있다. 고온에서 증식할 수 있고, 또한 극히 내열성의 포자를 형성하므로 통조림이나 병조림의 flatsour 변패의 원인이 되며, 가열포장 식품의 부패균으로 주목된다.

■ *Bacillus circulans*

전분질 식품이나 어육, 어육소시지, 생선묵, 연유 등에서 검출된다.

■ *Bacillus stearothermophilus*

생육적온이 50~65℃인 고온균으로 포자의 내열성이 *Bacillus subtilis*보다 강하여 통조림의 flatsour 변패의 원인이 된다.

2) Bacillaceae 과 *Clostridium* 속

그람양성, 편성혐기성, 유포자, 간균으로 catalase 음성이다. 포자는 세포의 중앙이나 말단에 생기고, 보통 포자낭이 그 부위에 부풀어 오른다. 단백질을 분해하여 부패시키는 것과 탄수화물을 발효시켜 낙산 butyric acid, 초산, CO_2, H_2, 알코올과 아세톤을 생산하는 두 가지로 대별된다.

■ *Clostridium butylicum*

당류를 발효시켜 낙산을 생성하는 낙산균 butyric acid bacteria의 일종으로 치즈, 단무지 등에서 분리되며 생육적온이 35℃이다.

$$C_6H_{12}O_6(\text{포도당}) \longrightarrow C_4H_8O_2(\text{낙산}) + 2CO_2 + 2H_2$$

■ *Clostridium saccharobutylicum*

*Cl. butylicum*과 유사한 낙산균의 일종이다.

■ *Clostridium acetobutylicum*

옥수수나 감자와 같은 전분을 발효시켜 아세톤, 부탄올, 에탄올, butyric acid, acetic acid, CO_2, H_2 등을 만들어 acetone-butanol균이라 한다. 생육적온은 35~37℃이다.

■ *Clostridium saccharoacetobutylicum*

설탕이나 포도당 같은 당질원료를 발효시키는 acetone-butanol균의 일종이다.

■ *Clostridium botulinum*

이 균은 식품의 부패보다는 오히려 식중독을 일으키는 보툴리누스 식중독균으로 유명하다. 내열성이 강하여 통조림 살균 후에도 살아남는 경우가 있어 문

그림 2-16
Clostridium botulinum

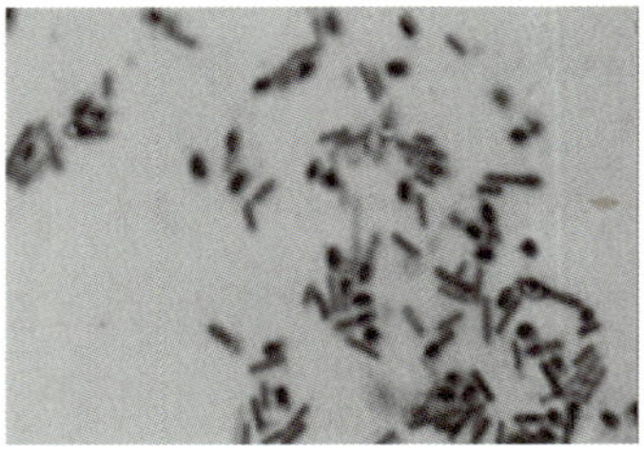

제되는 식중독 세균이다. A, B, C, D의 네 가지 종류가 있는데 A, B형이 독성이 가장 강하다. 육류를 암갈색으로 변질시키며 독소인 botulin을 생성하여 악취를 낸다 그림 2-16.

■ *Clostridium sporogenes*

혐기적 조건하에서 육류를 부패시키며, 내열성이 강한 포자를 만들어 통조림의 부패에 관여하는 부패균이다.

■ *Clostridium welchii*

감염형 식중독균으로 서구에서 자주 발생한다. Welchii균 식중독으로 알려져 있다.

10. Gram 양성, 무포자, 간균(Lactobacillaceae 과)

당류를 발효시켜 유산 lactic acid을 생성하는 세균을 유산균이라 한다. 유산균은 치즈, 버터, 요구르트, 유산균음료, ensilage, 유산의 제조, 청주와 간장의 양조 등에 중요한 역할을 하며, 정장제로서의 유산균제제, dextran의 제조, 비타민과 아미노산의 미생물정량 microbioassy에도 이용되는 중요한 세균이다.

유산균은 Bergey's Manual에 따르면 그 형태가 구균인 제12부의 Streptococcaceae 과 family와 제14부의 Lactobacillaceae 과 family에 속하는데, Streptococcaceae 과 family에는 *Streptococcus* 속, *Pediococcus* 속, *Leuconostoc* 속 등이 들어 있고, Lactobacillaceae 과 family에는 *Lactobacillus* 속이 들어 있다.

유산균은 그람양성, 비운동성이고 색소를 생성치 않는 간균 또는 구균으로 당을 발효시켜 유산이나 유산 이외의 부산물을 생성한다. 대부분 catalase 음성인 미호기성이며 산소의 분압이 낮은 환경에서 잘 증식한다. 또 복잡하고 까다로운 영양 요구성을 가져서 여러 가지 비타민, 아미노산, 펩티드 등을 요구한다. 유산을 생성하는 적온은 35~50℃ 범위이다.

유산균에는 포도당으로 유산만을 생성하고 다른 부산물은 거의 생성하지 않는 정상유산발효균 homo lactic acid bacteria과 유산 이외에 여러 가지 부산물을 생성하는 이상유산발효균 hetero lactic acid bacetria의 두 종류가 있다. *Streptococcus* 속, *Pediococcus* 속은 homo형 유산균이고, *Leuconostoc* 속은 hetero형이며, *Lactobacillus* 속에는 종류에 따라 homo형인 것과 hetero형인 것의 두 가지가 있다.

정상(homo형) 유산균

$$\underset{\text{포도당}}{C_6H_{12}O_6} \longrightarrow \underset{\text{유산}}{2CH_3 \cdot CHOH \cdot COOH}$$

이상(hetero형) 유산균

$$\underset{\text{포도당}}{C_6H_{12}O_6} \longrightarrow \underset{\text{유산}}{2CH_3 \cdot CHOH \cdot COOH} + \underset{\text{에탄올}}{C_2H_5OH} + CO_2$$

$$\underset{\text{포도당}}{2C_6H_{12}O_6 + H_2O} \rightarrow \underset{\text{유산}}{2CH_3 \cdot CHOH \cdot COOH} + \underset{\text{에탄올}}{C_2H_5OH} + \underset{\text{초산}}{CH_3COOH} + 2CO_2 + 2H_2$$

1) Lactobacillaceae 과 *Lactobacillus* 속의 종류

■ *Lactobacillus bulgaricus*

세포는 장간상으로 연쇄되어 있다. 우유를 37℃에서 응고시키지만 casein은 분해하지 못한다. 요구르트에서 분리되었으며 호기성, 혐기성, 미호기성 등으로 운동성은 없다. 유산균 중 산 생성이 가장 빠르고 53℃에서도 생육하며 유제품 제조에 중요한 균이다 그림 2-17. Glucose, lactose, galactose를 잘 발효시킨다. 생육적온은 40~50

그림 2-17

Lactobacillus bulgaricus

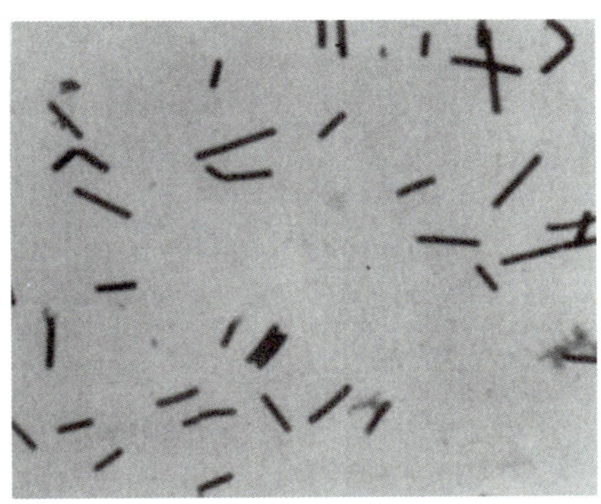

℃이다. 사람의 장내에 정착 못하는 것이 밝혀져서 정장 작용은 의문이 되고 있다.

■ *Lactobacillus acidophilus*

세포는 간상으로 크기는 0.6~0.7×1.5~6.0μm이고, 단독 또는 장연쇄로 존재한다. 생육최적 pH는 5.5~7.0이며 유아분에서 분리되었다. 내산성은 강하나 산 생성은 늦다. 사람의 장내에 정착성이 있다고 하여 외국에서는 acidophilus milk가 시판되나 이 균의 장내 정착성은 분명치 않다. *L. bifidus*는 정착성이 있다고 한다. 생육온도는 37℃가 알맞다.

■ *Lactobacillus casei*

우유와 치즈에서 분리되고 우선성의 유산을 생성하며 비운동성이다. 우유를 3~5일 만에 응고시키고 점성을 준다. Casein을 이용하므로 치즈 숙성에 중요하다.

■ *Lactobacillus delbrueckii*

세포의 크기는 0.5~0.8×2.0~9.0μm로 미호기성이다. 알코올 공장의 산패한 감자에서 분리되며 발효 침채류와 분쇄한 곡물 등에서 잘 검출된다. 유산 생성력이 1.7% 정도로 비교적 강하고, 또한 45~50℃에서 잘 발육하므로 잡균의 침해를 막으면서 유산발효를 시킬 수 있으므로 유산 제조에 잘 이용된다. 좌선성의 유산을 생성한다.

■ *Lactobacillus brevis*

Hetero형 유산균으로 비운동성이며, gelatin 액화력은 없다. 생육적온은 약 30℃ 정도이며 우유, kefia, 치즈, 분, 침채류, ensilage, 퇴비, 토양, 토마토, 빵의 산성 dough 등 자연계에 널리 분포되어 있다. 우리나라 김치에서는 발효 후기에 많이 검출된다.

■ *Lactobacillus homohiochii*

생육최고 pH는 5.0 정도이며 생육적온은 약 30℃이다. *L. heterohiochii*와 같이 청주를 백탁, 산패(화락현상, hiochii)시킨다.

■ *Lactobacillus plantarum*

세포의 크기는 0.7~1.0×3.0~8.0μm로 생육적온은 약 30℃이며 미호기성이다. 우유, 치즈, 버터, kefia, 발효감자, 곡물, 빵의 산성 dough, 침채류, 토마토, 분 등에서 흔히 분리되며 자연계에서 가장 분포가 넓은 유산균이다. 우리나라 김치 발효에도 중요한 역할을 하는 유산균이며 식염내성은 약 5.5%이다.

그림 2-18
Lactobacillus plantarum

2) *Lactobacillus*의 작용

(1) 유산 제조에 이용하는 균주

전분당화액이나 당밀 molasses을 원료로 할 때는 *Lactobacillus delbrueckii*를 이용하며, 이 균은 그람양성, 간균, catalase 음성의 homo형 유산균으로 50℃에서 잘 발육한다.

우유나 유청 whey을 원료로 할 때에는 *Streptococcus cremoris*, *Str. lactis*와 같은 homo형 구균이나 같은 homo형인 *Lactobacillus bulgaricus*, *L. acidophilus*, *L. casei* 등의 간균 중 적당한 균주를 선택하여 사용한다.

(2) 유산균제제에 이용하는 균주

유산균은 동물의 장내에서 이상발효를 억제하고 정장작용을 하므로 정장제로 이용한다. 정장제로 이용되는 균주는 *Str. faecalis*, *Lac. bifidus*, *Lac. acidophilus* 등 장내에서 서식할 수 있는 균주들이다.

표 2-6 유산균 주요 속의 특징

속(Genus)	세포의 형태와 배열	유산발효형식	G+C 함량(mole %)
Streptococcus	연쇄상 구균	Homo	34~46
Leuconostoc	연쇄상 구균	Hetero	38~41
Pediococcus	4련구균	Homo	38~42
Lactobacillus	(1) 간균(보통연쇄상) (2) 간균(보통연쇄상)	Homo Hetero	32~53 34~53
Enterococcus	연쇄상 구균	Homo	38~40
Lactococcus	연쇄상 구균	Homo	38~41
Sporolactobacillus	간균(보통 단독)	Homo	38~40

(3) 청주 기타 주류 양조에 관여하는 균주

일본청주의 양조 시 술밀(주모) 배양에 유산균이 관여하여 잡균의 번식을 억제하고 효소의 배양에 적합한 조건을 만들어 주는데, 이때 관여하는 유산균은 *Leuconostoc mesenteroides*, *L. sake*이다. 또 포도주와 맥주 양조에도 관여하여 특유한 향미를 생성한다.

(4) 유제품 제조에 이용하는 균주

치즈나 버터를 제조할 때, 자연적으로 착생하는 유산균이 번식하는 것을 기다리지 않고, 순수 배양한 유산균 starter를 첨가하는데, 치즈의 starter로서 *Str. lactis*를 버터의 starter로는 *L. bulgaricus*를 이용한다.

그밖에 *L. casei*는 치즈의 숙성에 중요하며, 요구르트 제조에는 *L. bulgaricus*와 *Str. thermophilus*를 이용하여 *L. delbrueckii*는 kefia 제조에 관여한다.

(5) 김치 및 장류에 관여하는 균주

김치의 산미는 유산에 의한 것으로 주로 *L. plantarum*, *L. brevis*가 관여한다. 간장, 된장 등의 발효식품도 유산균에 의한 유산의 산미와 향기성분을 생성하여 장류의 향미에 중요한 역할을 한다.

간장에 중요한 유산균은 *Pediococcus soyae*이다. Ensilage를 만들 때도 유산균이 관여하는데 주로 *L. plantarum*이 작용한다.

(6) Dextran 제조에 이용하는 균주

*Leuconostoc mesenteroides*는 sucrose로부터 대량의 dextran을 생성하며 이것은 대용혈장으로 이용된다. 한편 제당공장에서는 파이프를 막히게 하는 유해균이기도 하다.

(7) 미생물 정량에 이용하는 균주

*L. casei*는 amino acid를, *L. leichmannii*는 비타민 B_{12}를, *L. fermenti*는 맥주에 들어 있는 비타민 B_1을 정량하는 데 이용된다.

(8) 식품의 부패에 관여하는 균주

유산균은 여러 가지로 유익하게 이용되나 경우에 따라서는 필요 이상으로 번식하고 산을 생성하여 식품을 산패시킨다. 저장 중인 청주에 백탁을 일으키고 악취가 나게 하는 화락균 hiochii도 유산균으로 *L. homohiochii*와 *L. heterohiochii*의 두 가지 균종이 있다. *Pediococcus cerevisiae*는 맥주를 탁하게 하고 pH를 낮추며 나쁜 냄새를 나게 하여 예부터 beer sarcina라 불러온 맥주양조의 유해균이다. *L. thermophilus*는 생육적온이 50~60℃ 정도이므로 내열성이 커서 장시간 저온 살균하여도 죽지 않아 우유를 산패시킨다.

11. 관계세균(Propionibacteriaceae 과)

1) *Propionibacterium* 속

당류나 젖산을 발효시켜 프로피온산 propionic acid을 생성하는 세균을 프로피온산균이라 한다. 프로피오산균은 제15부 Propionibacteriaceae 과의 *Propionibacterium* 속에 대부분 속하고 있다. 프로피온산균은 그람양성, catalase 양성, 비운동성, 단간균 또는 구균으로 유기산, 탄수화물, 다가알코올 등을 산화하여 프로피온산, 초산, CO_2, 호박산 succinic acid 등을 생성하는 혐기성균이다. 최적온도는 30℃로서 생육이 늦어 집락 colony은 5~7일 이상이 되지 않으면 육안으로 확인하기 어렵다. 영양 요구성이 있어 pantothenic acid와 biotin을 요구한다.

*Propionibacterium shermanii*는 건성 치즈인 스위스 치즈의 숙성에 관여하고 숙성 중에 CO_2를 발생하여 치즈에 많은 구멍이 생기게 한다.

2) *Corynebacterium* 속

Coryne형 간균으로 비운동성, 호기성 또는 통성혐기성, 그람양성, 무포자 간균으로 경구감염병인 디프테리아 원인균인 *Coryne. diphtheria* 균과 우유 크림의 산패 rancidity와 악취발생의 원인균인 *Coryne. bovis*와 glutamic acid 생산에 이용되는 *Coryne. glutamicum*이 있다.

3) *Arthrobacter* 속

편성호기성 토양세균으로 coryne형 간균, 무포자, 내건조성으로 유기물을 무기화시키는 능력이 크다. Glutamic acid 생산, 탄화수소 자화성을 가지고 있다.

4) *Brevibacterium* 속

무포자, 구형에 가까운 단간균으로 보통 비운동성이다. *B. lactofermentum*

은 아미노산 glutamic acid, lysine 및 핵산(IMP 등 nucleotide) 발효 생산에 이용된다.

5) *Bifidobacterium* 속

당을 발효시켜 젖산, 초산 등을 생성하며 모유영양아의 장내에 특히 많고 이유 후에는 소실된다. *Bifidobacterium bifidum*이 있다.

표 2-7 그람음성 호기성 간균 및 구균세균의 특징

과(Family)	속(Genus)	종(Species)	특 징
Pseudomonadaceae	*Pseudomonas*	*fluorescens*	녹색형광균, 호냉성, 우유에서 고미 및 갈변(tyrosine 산화), 계란난백 담녹색색소, 저장어육 황녹색색소
		aeruginosa	녹농균, 상처의 화농부에서 청색색소 생성, 우유의 청변
		putida	포도당에서 글루콘산 생성
		mildenbergii	Vit. C의 합성
	Gluconobacter	*suboxydans*	포도당을 산화시켜 gluconic acid 생성, sorbose 발효력
		oxydans	Vit. C 합성의 전 단계에서 공업적으로 이용, 식초 제조에 유해, 내산성
Halobacteriaceae	*Halobacterium*	*salinarium*	고도의 호염균(최저 12%, 최적 28~32%), carotenoide 색소 생산, 고식염 식품의 적변
Other Genera	*Alcaligenes*	*viscolactis*	우유의 점질화 galactan, mucine, 생육배지를 알칼리화시키는 특징, 저온 · 식품부패균
		metacaligenes	치즈 위에 점질상으로 생육
	Acetobacter	*aceti*	청주박초 양조에 중요한 균, 약 8.7%의 초산을 생성, 생성한 초산을 다시 분해
		xylinum	점패 slimeness의 원인, 식초유해균, 초산을 분해하며 불쾌취 발생, 섬유질 형태의 피막 형성
		oxydans	약 8%의 많은 gluconic acid, 약 7.6%의 많은 초산을 생산, 생성초산을 재분해하지 않음
		schutzenbachii	속초용균 quick vinegar process, 11.5%의 많은 초산을 생성

표 2-8 그람음성 통성혐기성 간균의 특징

과(Family)	속(Genus)	종(Species)	특 징
Enterobacteriaceae	*Escherichia*	*coli*	대장균군의 하나, 동물의 장내세균, 식품위생에서 분변 오염의 지표, fecal coliform
	Shigella	*dysenteriae*	이질 원인균, 감염형 식중독균, 적리균, 호기성
	Salmonella	*enteritidis*	살모넬라 식중독의 원인균, 감염형 식중독
		typhi	장티푸스 원인균
		typhimurium	장티푸스 원인균
	Citrobacter	*freundii*	유당을 서서히 분해하고 구연산염을 단일 탄소원으로 이용할 수 있는 균
	Enterobacter	*aerogenes*	식품위생지표균, non fecal coliform, 식물이나 토양에서 기원됨, 특히 우유의 점패
	Erwinia	*caratovora*	protopectinase의 활성이 강하며, 과일이나 채소의 연부병 원인균
		atroseptica	소위 시장병의 원인, 감자의 흑균병의 원인균
	Serratia	*marcescens*	단백분해력이 강함, 생선, 생선묵, 쇠고기 등의 부패에 관여, 우유의 표면을 적색화, 심한 부패취
	Proteus	*vulgaris*	단백질을 혐기적으로 분해하여 강한 부패취, 식중독의 원인 장내병원균
		morganii	알레르기성 식중독의 원인균, 생선에 있는 histidine을 histamine으로 만듦, amine 중독현상
Vibrionaceae	*Vibrio*	*parahaemolyticus*	어패류에 번식, 감염형 식중독 원인균, 미호염성 세균
		cholerae	급성 전염성 병원균, 콜레라 원인균
	Photobacterium	*phosphoreum*	생선이나 육류의 인광 발생균, 저온성, 호염성
Other Genera	*Flavobacterium*	*fucatum*	생선 표피에 존재, 호기성, 저온성, 지용성의 Xanthophyll계 색소 생산

표 2-9 그람양성 구균의 특징

과(Family)	속(Genus)	종(Species)	특 징
Micrococcaceae	*Micrococcus*	*roseus*	분홍색, 식품 표면에 생육하여 변색
		halodenitrificans	중도호염성, 소금물 중에 생육
		varians	우유의 저온살균에서도 생존
		caseolyticus	acid-proteolytic(산성의 단백질 분해력)
		morrhuae	고도호염성, 염장생선 등 고농도 식염하에 생육
		cryophilus	저온에서 번식
	Staphylococcus	*aureus*	황색포도상구균, enterotoxin독 생산, 독소형 식중독, 화농성, 식염 10% 이하에서도 생육
		epidermidis	호염성, 내염성, 병원성은 없고 동물에서 많이 분리
Streptococcaceae	*Streptococcus*	*thermophilus*	요구르트에 방향을 줌, 내열성, 고온성, 치즈 요구르트 제조에 실제 사용됨
		pyogenes	화농성 병원균, 성홍열, 후두염 일으키는 병원균
		lactis	유산구균
		cremoris	치즈제조 시 종균(starter)
		faecalis	장구균의 일종, 김치발효에 중요, 유산균제제나 미생물 정량에 이용
	Leuconostoc	*mesenteroides*	Sucrose로 dextran 점질층 형성, 공업적으로 사용, 내당성, 호염성, 산생성력이 강함, AI예방, 김치발효 초기에 주로 발육
		dextranicum	Dextran 제조에 사용, aroma bacteria, 유제품 제조 시 종균 우유의 citric acid 발효 → diacetyl, acetoin(방향성분)
		citrovorum	aroma bacteria, dextran 제조하지 않음, dextranicum과 다른 특징은 같음
	Pediococcus	*cerevisiae*	4련구균, 통성혐기성, 미호기성, homo형 맥주변패균
		halophilus	4련구균, 미호기성, homo형, 중등호염성, 간장, 된장에 존재하는 유산균, 김치류 숙성에 관여
Peptococcaceae	*Sarcina*	*lutea*	8련구균, 혐기성, 중등호염성, 황, 등, 적색의 색소를 생성

표 2-10 내생포자형성(Bacillus) 간균의 특징

과(Family)	속(Genus)	종(Species)	특 징
Bacillaceae	*Bacillus*	*subtilis*	고초균, 당을 분해하여 산 생성, 단백질 분해하여 암모니아 생성, 효소 생산에 이용(소화제), 포자가 내열성이 약하다(100℃에서 3시간 만에 사멸). subtilin, bacillomycin 항생물질 생산, 쌀밥의 점패(점질층 형성 glutamic acid → polypeptide), 청국장 제조에 관여
		natto	subtilis와 유사하나 점질층 형성이 더 강함
		cereus	cereus균 식중독, 독소형 식중독, 식품 속에서는 괜찮으나 장내에 들어가서 포자 증식, enterotoxin 생산, 단백질 분해력 강함, 탄수화물 부패
		megaterium	Vit. B_{12}를 생산, 청주박초의 숙성에 관여, 탄수화물 단백질 식품의 부패균
		coagulans	비교적 고온에서 증식, 통조림이나 병조림의 flatsour 변패원인(당 → 유산), 가성유산균
		circulans	펙틴분해력이 강함, 녹색반점 형성, 전분질식품, 어육, 소시지 생선물 연유 등의 변패
		stearothermophilus	생육적온이 50~65℃ 고온균, 포자내열성이 강함, 통조림의 flatsour 변패의 원인

표 2-11 내생포자형성(Clostridium) 간균의 특징

과(Family)	속(Genus)	종(Species)	특 징
Bacillaceae	*Clostridium*	*butylicum*	acetone-butanol 발효균으로 사용, 통조림 부패 hydrogen swell
		botulinum	독소생산균, 열에 매우 강한 포자 생성, 독소형 식중독 botulinus 생산, 통조림 가열 살균 온도 지표균, 독소형태: exotoxin
		acetobutylicum	전분질 및 당류를 발효시켜 acetone butanol 발효균 공업적으로 이용
		sporogenes	통조림 부패에 관여
		welchii	Welchii 식중독균

표 2-12 무포자 간균의 특징

과(Family)	속(Genus)	종(Species)	특 징
Lactobacillaceae	*Lactobacillus*	*bulgaricus*	요구르트에서 분리, homo형 발효, 고온성 유제품 제조에 중요한 균
		acidophilus	Homo형, 내산성(aciduric)이 강함, 생육온도 37℃, 현재 요구르트에 사용
		casei	중온성, homo형, 치즈 숙성에 이용, 한국야쿠르트에서 처음 사용한 균
		delbrueckii	Homo형, 유당발효력은 없음, 곡물의 당을 이용하여 유산 생성, 공업적인 유산 제조에 이용
		brevis	Hetero형, 중온성, 우리나라 김치발효 후기에 이용
		homohiochii	청주에 군내를 주는 소위 청주의 진성화락균
		plantarum	Homo형, 내염성, 우리나라 김치발효 중기에 이용
		leichmannii	Homo형, 유당 발효시키지 않음, Vit B_{12} 정량용으로 이용, bioassay용

효 모

Chapter 3

1. 효모의 형태적 특징

효모는 주로 출아 budding에 의하여 영양체 증식을 하고, 단세포 세대가 비교적 길며, 진핵세포 eucaryotic cell 구조를 갖는 진균류 Eumycetes 중에서 소위 효모형의 세포를 갖는 미생물군이다.

효모는 자연계에 널리 분포해 있으며, 자연계에서 분리된 그대로의 효모를 야생효모 wild yeast라 하고, 우수한 성질을 가진 효모를 분리하여 용도에 따라 순수분리 계대배양한 효모를 배양효모 culture yeast라 하며, 발효식품의 제조에 이용되고 있다. 효모는 식품미생물학상 매우 중요한 미생물로서 알코올 발효능이 강한 균종이 많아 예부터 주류의 양조, 알코올 제조, 제빵 등에 이용돼 왔으며, 균체가 식품 및 사료용 단백질, 비타민류, 핵산관련물질 등의 생산에도 유용한 것으로 알려져 있다.

효모의 형태는 종류에 따라 다르고 같은 종류의 효모일지라도 배지 조성, pH, 배양방법, 배양 온도, 배양 시간 등 배양 조건이나 시기, 세포의 나이, 영양 상태, 공기의 유무 등 물리화학적인 조건에 따라 다를 뿐만 아니라 증식 방법에 따라서도 다르다.

효모의 대표적인 형태는 **그림 3-1**과 같다.

① 계란형 oval type : *Saccharomyces cerevisiae* 등 많은 속

② 타원형 elliptical type : *Saccharomyces cerevisiae* var. *ellipsoideus* *Saccharomyces ellipsoideus*가 대표적

③ 구형 round type : *Saccharomyces* 속, *Torulopsis* 속 등의 많은 속

④ 레몬형 apiculate type : *Saccharomycodes* 속, *Nadsonia* 속, *Hanseniaspora* 속, *Kloeckera* 속 등

⑤ 소시지형 sausage-shaped type : *Schizosaccharomyces* 속, *Pichia* 속, *Saccharomycopsis* 속, *Candida* 속 등

⑥ 삼각형 triangle type : *Trigonopsis* 속

⑦ 위균사형 pseudomycelium type : *Candida* 속

⑧ 진균사형 true mycelium type : *Endomycopsis* 속, *Trichosporon* 속

효모 세포의 크기는 배양 조건에 따라 차이가 있으나 3~8μm×4~12μm 정도가 보통이며, 세균보다는 훨씬 크다.

그림 3-1 효모의 기본 형태

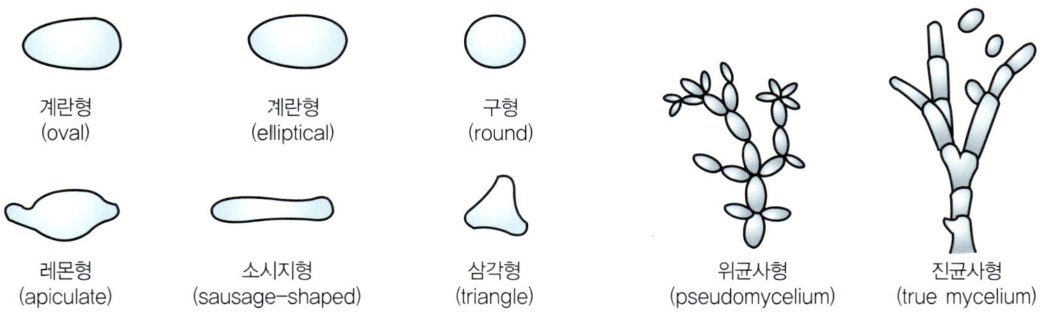

2. 효모의 분류

효모는 영양체 생식의 방법, 유성생식의 유무, 포자의 형태 등의 형태적 성상과 질산염과 탄소원의 동화성, 당류의 발효능 등의 생리적 성상에 의해서 속과 종을 분류한다 표 3-1 . 자낭균류 Ascomycetes에 속하는 유포자효모 ascosporogenous yeast Saccharomycetaceae 과와 Spermophthoraceae 과로 대별하고, 전자는 다시 분열에 의해서 영양증식하는 Schizosaccharomycoideae, 양극출아 또는 출아분열하는 Nadsonioideae, 다극출아하는 Saccharomycoideae, 모세포로부터 돌출한 자낭 속에 많은 포자를 만드는 Lipomycetoideae 등 4개의 아과 subfamily로 나뉜다.

불완전균류 Deuteromycetes에 속하는 효모에는 Sporobolomycetaceae 과와 Cryptococcaceae 과가 있다. 전자는 사출포자효모로서 유성세대가 분명하지 않기 때문에 불완전균류에 포함되며, 후자는 무포자효모로서 포자를 형성하지

표 3-1 효모의 분류

강(Class)	아강(Subclass)	목(Order)	과(Family)	아과(Subfamily)	속(Genus)	
순정균류 (Mycormycetes)	자낭균류 (Ascomycetes)	Endomycetales	Saccharomycetaceae	Schizosaccharomycoideae	*Schizosaccharomyces*	유포자효모
				Nadsonioideae	*Nadsonia*	유포자효모
					Hanseniaspora	유포자효모
					Saccharomycodes	유포자효모
				Saccharomycoideae	*Saccharomyces*	유포자효모
					Kluyveromyces	유포자효모
					Pichia	유포자효모
					Hansenula	유포자효모
					Debaryomyces	
				Lipomycetoideae	*Lipomyces*	
			Spermophthoraceae			
	불완전균류 (Deuteromycetes)	Moniliales	Sporobolomycetaceae		*Sporobolomyces* (사출포자효모)	
			Cryptococcaceae		*Cryptococcus*	무포자효모
					Torulopsis	무포자효모
					Candida	무포자효모
					Rhodotorula	무포자효모
	담자균류 (Basidiomycetes)	Ustilaginales			*Rhodosporidium* (담자균류효모)	

않고 출아에 의해서만 증식하는 효모이다. 담자균류 Basidiomycetes에 속하는 담자균류효모는 Ustilaginales 목에 속한다.

3. 효모의 생식

효모의 생식은 영양세포로 증식하는 무성생식과 핵융합을 통해 자낭포자 ascospore를 형성하는 유성생식의 두 가지 방법으로 나뉜다.

1) 무성생식

(1) 출아법(Budding)

효모의 영양세포 vegetative cell는 대부분 출아 budding에 의하여 증식한다. 즉 성숙한 세포의 표면에 싹 bud과 같은 작은 돌기가 생기고, 이것이 점차 신장되고 핵이 이동되어 둘로 나누어져 원래의 세포와의 사이에 경계가 생겨 새로운 세포가 된다 그림 3-2. 이때 원래의 세포를 모세포 mother cell라 하고, 출아로 생긴 세포를 아세포 daughter cell라 한다.

그림 3-2 효모의 무성생식법

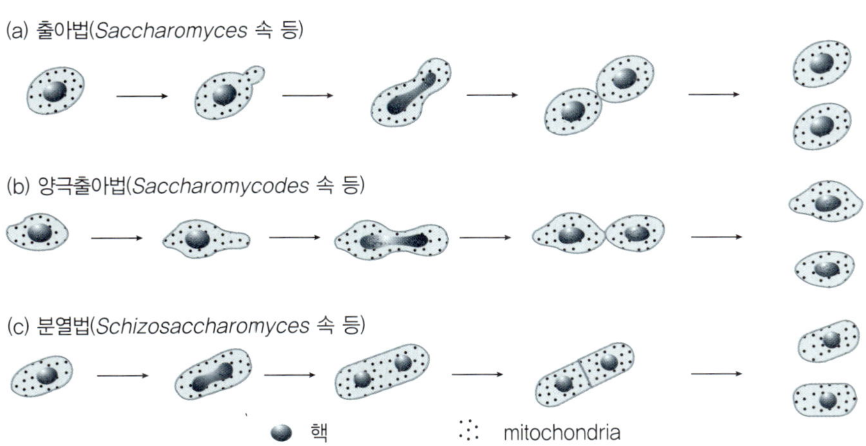

출아의 방법은 세포의 어느 곳에서나 출아하는 다극출아 multilateral budding와 세포의 양 끝에서만 출아하는 양극출아 bipolar budding가 있으며, *Candida* 속처럼 출아된 세포가 길게 늘어나고 연결되어 균사상으로 나타나는 위균사 pseudomycelium도 있다. 그리고 일부 효모(*Endomycopsis* 속, *Trichosporon* 속)는 곰팡이와 같이 격벽을 가진 진균사 true mycelium를 만든다.

(2) 분열법(Fission)

출아법 이외에 세포의 원형질이 양분하면서 세포의 중앙에 격벽이 생겨 두 개의 세포로 분열하는 방법을 분열법 fission이라 하며, 이렇게 증식하는 *Schizosaccharomyces* 속의 효모를 분열효모 fission yeast라 한다. 또한 *Saccharomycodes* 속처럼 출아한 후 그 기부가 들어가지 않고, 모세포와의 사이를 칸으로 막으며 분열하는 것을 출아분열 bud fission이라고 한다.

(3) 무성포자 형성

효모가 무성적으로 포자를 형성하는 경우는 단위생식, 위접합, 사출포자, 분절포자 및 후막포자 등이 있다.

① 단위생식(parthenogenesis)

*Saccharomyces cerevisiae*와 같이 한 개의 영양세포가 무성적으로 포자를 형성한다.

② 위접합(pseudocopulation)

Schwanniomyces 속과 같이 세포가 위결합관이라고 하는 돌기를 한 개 내지 수개를 만드나 세포 간에는 접합하지 않고 단위생식으로 포자를 형성한다.

③ 사출포자(ballistospore), 분절포자(arthrospore), 후막포자(chlamydospore)

사출포자, 분절포자, 후막포자 등을 형성하는 효모도 있다.

2) 유성생식

포자의 형성이 유성적으로 이루어지는 경우로서 자낭균류 Ascomycetes에 속하는 효모의 유성적인 자낭포자 ascospore의 형성이나 Ustilaginales 목에 속하는 효모와 같이 휴면포자인 겨울포자 teliospore를 형성하여 생식한다.

효모의 유성생식에 의한 자낭포자의 형성은 다음과 같다.

(1) 동태접합(isogamic conjugation, isogamy)

Schizosaccharomyces 속처럼 같은 모양과 크기의 세포(배우자) 간에 접합자 zygote를 형성하여 이것이 자낭이 된다.

(2) 이태접합(heterogamic conjugation, heterogamy)

크기가 다른 세포 간의 접합으로 자낭을 형성하며 두 가지 형태가 있다.

① Debaryomyces형

충분히 성숙하지 않은 출아한 아세포의 내용물이 모세포로 이동하여 이것이 자낭포자가 된다.

② Nadsonia형

세 개의 세포가 관여한다. 즉 모세포와 아세포가 접합하고, 접합자는 제1의 아세포 끝에 제2의 아세포를 형성하므로 접합자의 내용물이 제2의 아세포로 이동하여 자낭이 되어 포자를 형성한다.

4. 중요한 효모

1) 유포자효모(Ascosporogenous yeast)

(1) *Schizosaccharomyces* 속

영양세포는 원통형이며, 분열법으로 증식하는 특징을 가진 유포자효모이다. 포자는 동태접합 homogamete에 의하여 형성되고, 자낭 속에 구형, 타원형, 콩팥형 포자 8개를 내장한다. 열대지방의 과실, 당밀, 벌꿀, 토양 등에 분포하며, 생육적온은 37℃로 다른 효모보다 높다.

■ *Schizosaccharomyces pombe*

아프리카 흑인들의 pombe주에서 분리된 효모로 알코올 발효력이 강하다. 세포는 원통형이며, 구형의 자낭포자 4개를 형성한다. Glucose, sucrose, maltose는 발효시키지만, mannose는 발효시키지 못한다. 젤라틴을 용해하며 상면효모 top fermentation에 속한다 그림 3-3.

그림 3-3 *Schizosaccharomyces pombe*

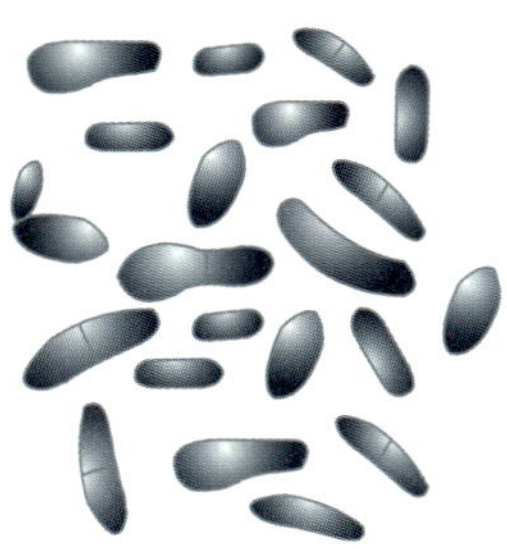

(2) *Nadsonia* 속

출아와 분열의 중간적인 증식을 하는 효모로서, 세포는 타원형, 길쭉한 모양, 때로는 레몬형으로 여러 개가 연결되어 있다. 모세포와 출아세포가 이태접합 heterogamete을 하며, 모세포의 다른 쪽 끝에 출아하여 형성된 자낭은 격벽으로 구분된다.

자낭 속의 포자는 한두 개로 갈색이며 가시가 있고 중앙에 유적이 있다. 피막을 형성하지 않고, 당류 발효성이 있다.

■ *Nadsonia fulvescens*

대표적인 균종이다 그림 3-4.

그림 3-4 *Nadsonia fulvescens*

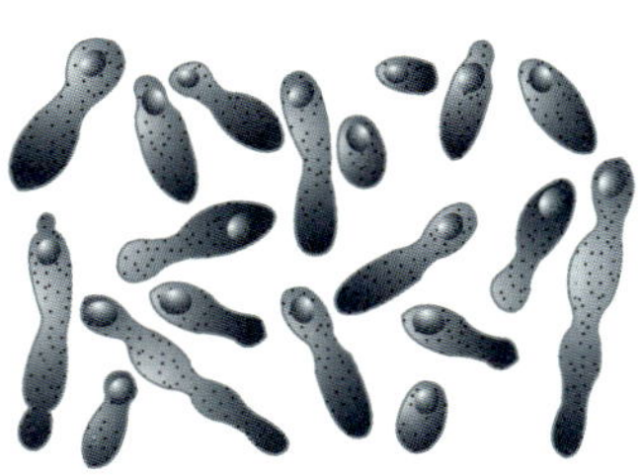

(3) *Hanseniaspora* 속

양극출아로 무성생식을 하고 세포는 레몬형이다. 포자는 처음에는 구형이나 나중에 모자형이나 헬멧형으로 된다. 과일에 착생하는 야생효모이다.

■ *Hanseniaspora valbyensis*

대표적인 균종으로 포도주 양조의 발효 초기에 나타났다가 점차 자연 도태된다.

(4) *Saccharomycodes* 속

출아분열하는 효모로서 세포는 레몬형, 포자는 세포의 접합 없이 형성한다.

■ *Saccharomycodes ludwigii*

떡갈나무 수액에서 분리되었으며, glucose와 sucrose를 발효시키고 maltose는 발효시키지 않는다. 이 성질을 이용하여 sucrose를 가한 맥아즙을 이 효모로 발효시켜 maltose가 남는 단맛을 가진 술을 만든다 그림 3-5.

그림 3-5 *Saccharomycodes ludwigii*

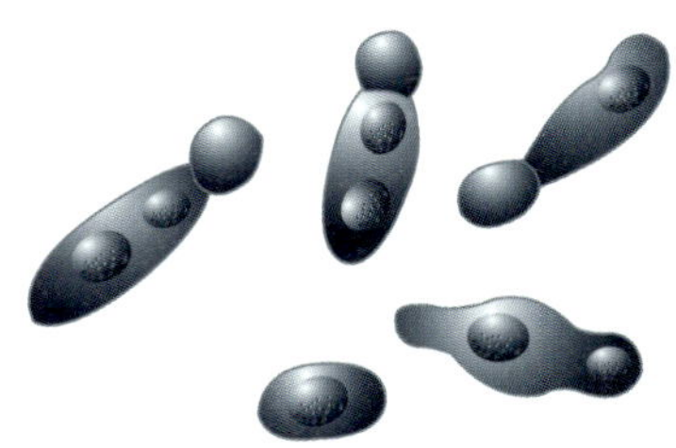

(5) *Saccharomyces* 속

세포는 계란형, 구형, 타원형 또는 원주형 등이며, 때로는 위균사를 만드는 경우도 있다. 출아법으로 생식하거나, 세포가 접합하여 자낭포자를 형성한다. 자낭포자는 자낭 안에 1~4개를 형성하며, 구형 또는 계란형이다. 각종 발효공업에 이용되는 대부분의 효모가 속하는 가장 중요한 속이다.

그림 3-6 *Saccharomyces cerevisiae*

■ *Saccharomyces cerevisiae*

이 속의 대표적인 균종으로, 영국의 Edinburg 맥주공장의 맥주에서 분리된 알코올 발효력이 강한 상면효모 top fermentation이다. 세포는 구형 또는 계란형이며 그림 3-6, glucose, maltose, galactose, sucrose, raffinose를 발효시키고 lactose는 발효시키지 못한다.

그림 3-7
Saccharomyces ellipsoideus

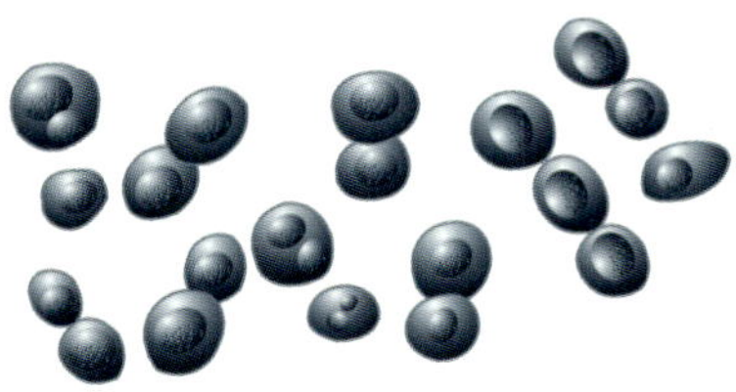

■ *Saccharomyces cerevisiae var. ellipsoideus* (*Saccharomyces ellipsoideus*)

세포는 타원형이며, 포도주 양조에 관여하는 포도주 효모이다 그림 3-7.

■ *Saccharomyces carlsbergensis*

덴마크의 Carlsberg 맥주로부터 순수분리 배양된 하면효모 bottom fermentation로서 하면발효 맥주 양조에 사용하는 효모이다. 세포는 구형 또는 짧은 계란형이며, *Saccharomyces cerevisiae*와는 당류 발효성이 달라 melibiose를 발효시키며, raffinose를 완전히 발효시킨다.

■ *Saccharomyces diastaticus*

Dextrin과 전분을 분해, 발효시키는 효모로 맥주양조 시 혼입되면 맥주 중의 고형분을 감소시키는 유해한 효모이다.

■ *Saccharomyces rouxii*

18% 이상의 고농도 식염에서도 생육할 수 있는 내염성효모 halophilic yeast로 간장덧에 많이 존재하며, 간장 발효에 유용한 효모이다. 세포는 구형 또는 계란형이며, 알코올 발효력은 약하다. Glucose와 maltose는 발효시키지만 sucrose, galactose, fructose는 발효시키지 못한다.

(6) *Kluyveromyces* 속

Lactose를 발효시켜 알코올을 생성하는 유당발효효모로 알려져 있다.

■ *Kluyveromyces fragilis*

Kefir에서 분리된 유당발효효모이다.

■ *Kluyveromyces lactis*

우유나 치즈로부터 분리된 효모이다.

(7) *Pichia* 속

자연계에 널리 분포하고 당 발효성은 없거나 미약하다. 의균사와 진균사를 형성하기도 하며, 포자는 구형, 모자형, 토성형 등 여러 가지이다. 보통 배양액 표면에 피막을 형성하는 산막효모 film yeast로서 주류와 간장에 피막을 형성하는 유해효모이다.

■ *Pichia membranaefaciens*

에탄올을 소비하고, 당 발효성은 없거나 매우 약한 편이며, 김치의 표면에 피막을 형성하고 맥주나 포도주에 유해한 효모이다. Fumaric acid로부터 malic acid를 생성하는 fumarase활성이 강한 균주도 있다 그림 3-8.

그림 3-8
Pichia membranaefaciens

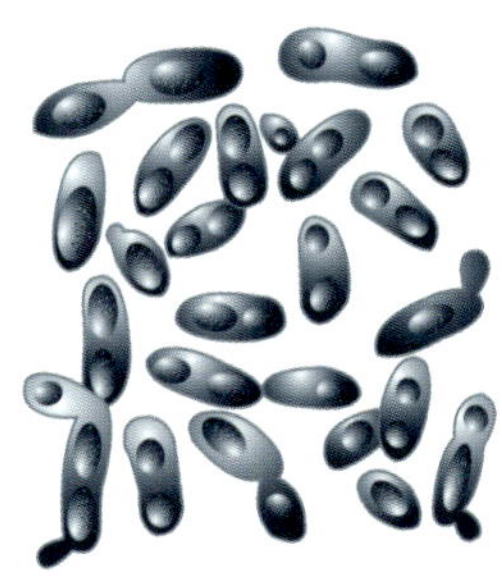

(8) *Hansenula* 속

Pichia 속과 같이 액체의 표면에 피막을 형성하는 산막효모 film yeast이다. 포자의 모양은 모자형, 토성형, 반구형이고, 진균사와 위균사를 형성하기도 한다. *Pichia* 속은 질산염을 자화하지 않는 데 반하여 *Hansenula* 속은 자화한다. 일반적으로 알코올로부터 ester를 생성하는 것이 많다.

■ *Hansenula anomala*

자연계에 널리 분포하며, 포자는 내부에 유적을 가진 모자형이다. 양조제품의 표면에 얇은 막을 형성하고 알코올을 소비하는 유해효모이다. 그러나 과일

향과 같은 ester를 생성하여 청주의 방향 생성에 관여하는 청주의 후숙효모이다.

(9) *Debaryomyces* 속

표면에 돌기가 있는 포자를 형성하는 것이 특징이며, 일반적으로 모세포와 아세포의 접합으로 자낭을 형성한다. 발효성은 없거나 매우 약하다. 내염성의 산막효모가 많고, 채소절임이나 절인 고기에서 흔히 볼 수 있으며, 내당성이 강하다. Riboflavin을 생성하는 것도 있다.

■ *Debaryomyces hansenii*

내염성이 강하여 15~24%의 식염 농도에서 생육이 가능하며, 식염에 절인 식품에서 흔히 분리되고, 치즈와 소시지 등에서도 분리된다. 베이컨, 소시지 등의 육제품에서 점질물질을 생성한다.

(10) *Lipomyces* 속

세포가 점성이 있는 협막 capsule으로 싸여 있으며, 노세포에는 큰 지방구가 생기므로 유지효모라고도 한다. 발효성은 없고, 독특한 출아세포 active cell가 관여하여 자낭을 형성한다.

■ *Lipomyces starkeyi*

건조균체의 60% 정도의 지방을 함유하고 있어 유지 생산균으로 알려져 있다.

2) 사출포자효모(Ballistosporogenous yeast)

Sporobolomyces 속은 식품의 부패에 관여하며, 사출포자는 비대칭으로 콩팥형 또는 낫 모양이고, 성숙하면 사출된다.

■ *Sporobolomyces roseus*

분홍색, 붉은색, 주황색을 띠는 carotenoid 색소를 생성하며, 발효성은 없다.

3) 무포자효모(Asporogenous yeast)

(1) *Cryptococcus* 속

식물이나 토양 중에 존재하며, 세포는 구형, 계란형으로 점질성 협막을 형성하고 있으며, carotenoid 색소를 생성하는 것도 있다. 산성배지에서 전분 유사물질을 생성하고, 당 발효성은 없다.

■ *Cryptococcus neoformans*

사람이나 가축에게 감염되어 중추신경에 침범하고, 폐나 피부에 기생하여 cryptococcosis를 일으키는 병원성 효모이다.

(2) *Torulopsis* 속

세포는 일반적으로 작은 구형 또는 계란형이다. 위균사를 형성하지 않는 점이 *Candida* 속과 다르며, 전분 유사물질을 생성하지 않는 점이 *Cryptococcus* 속과 다르다. 내당성, 내염성이며, 특히 오렌지주스나 벌꿀 등에 발생하여 변패시키는 등 여러 식품의 변패에 관여한다.

■ *Torulopsis versatilis*

내염성이 강하며 간장의 후숙에 관여하여 간장덧에 맛과 향기를 부여하는 후숙효모이다.

(3) *Candida* 속

세포는 구형, 계란형, 원통형 등이 있고, 위균사를 잘 만들며, 알코올 발효력이 있는 것이 많다. 자연계에 널리 분포하고 있고, 다른 속에 비하여 균종 수가 매우 많으며, 균종에 따라서는 진균사와 후막포자를 형성하기도 한다. 탄화수소 자화능이 강한 균주는 단세포단백질 SCP, single cell protein 생산균주로 주목하고 있다.

그림 3-9
Candida utilis

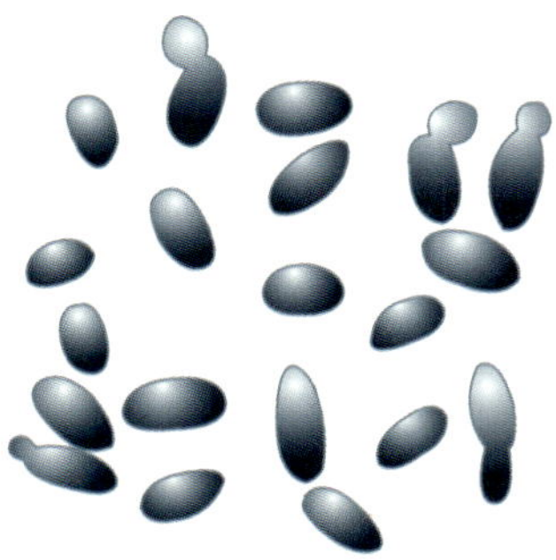

■ *Candida utilis*

Xylose를 자화하므로 아황산펄프폐액 등에 배양하여 균체사료 또는 핵산조미료의 원료인 inosinic acid 제조에 이용된다 그림 3-9.

■ *Candida tropicalis*

세포는 크고 짧은 난형으로 위균사를 잘 형성한다. Xylose를 잘 동화하고 탄화수소 자화성이 강하여 사료효모로 사용된다.

■ *Candida lipolytica*

강한 lipase를 생산하는 효모로서 버터, 마가린에서 분리된다.

(4) *Rhodotorula* 속

세포는 원형, 타원형 또는 소시지형이며, 위균사를 만들고, carotenoid 색소를 생성하여 적황색 내지 홍색을 띠는 균총을 형성하므로 적색효모라 한다. 자연계에 널리 분포하며, 당류 발효성은 없다. 육류와 sauerkraut(소금에 절인 양배추) 등의 침채류에 적색 반점을 형성하여 식품의 착색 원인이 되는 효모이다.

■ *Rhodotorula glutinis*

대표적인 균종으로 건조균체량의 60%가 지방으로 강한 유지생산효모로 알려져 있다.

4) 담자균류효모(Basidiomycetous yeast)

Rhodosporidium 속은 발효성이 없으며, 고체배지에서 주황색 또는 분홍색의 carotenoid 색소를 생성한다. 다극출아로 증식하며 colony는 점질성을 나타낸다.

■ *Rhodosporidium toruloides*

대표적인 균종이다.

표 3-2 유포자 효모(Ascosporogenous yeast) 중 식품에 중요한 효모

아과(Subfamily)	속(Genus)	종(Species)	특 징
Schizosaccharomycoideae	*Schizosaccharomyces*	*pombe*	아프리카 pombe주에서 분리 알코올 발효력이 강하고 상면효모
Nadsomioideae	*Nadsonia*	*fulvescens*	이태접합, 당류 발효성
	Hanseniaspora	*valbyensis*	양극출아, 레몬형, 포도주 양조 발효 초기 후 자연도태
	Saccharomycodes	*ludwigii*	떡갈나무 수액에서 분리, Sucrose를 가한 맥아즙을 발효시켜 maltose 술 제조
Saccharomycoideae	*Saccharomyces*	*cerevisiae*	알코올 발효력이 강한 상면효모, 맥주 효모
		ellipsoideus	포도주 효모(*Saccharomyces cerevisiae* var. *ellipsoideus*)
		carlsbergensis	Carlsberg 맥주, 하면효모
		diastaticus	Dextrin, 전분 발효, 맥주 고형분 감소시키는 유해효모
		rouxii	내염성 효모, 간장효모
	Kluyveromyces	*fragilis*	유당발효 효모, Kefir에서 분리
		lactis	유당발효 효모, 우유나 치즈로부터 분리

	Pichia	*membranaefaciens*	산막효모, 김치 표면에 피막을 형성, 맥주나 포도주의 유해효모
	Hansenula	*anomala*	산막효모, 양조제품의 유해효모, 과일향과 같은 ester를 생성하여 청주의 후숙에 관여
	Debaryomyces	*hansenii*	산막효모, 내염성, 절임식품, 치즈, 소시지에서 분리
Lipomycetoideae	*Lipomyces*	*starkeyi*	유지효모

표 3-3 사출포자 효모(Ballistosporogenous yeast) 중 식품에 중요한 효모

과(Family)	속(Genus)	종(Species)	특 징
Sporobolomycetaceae	*Sporobolomyces*	*roseus*	적색의 carotenoid 색소 생성

표 3-4 무포자효모(Asporogenous yeast) 중 식품에 중요한 효모

과(Family)	속(Genus)	종(Species)	특 징
Cryptococcaceae	*Cryptococcus*	*neoformans*	폐나 피부에 기생, Cryptococcosis를 일으키는 병원성 효모
	Torulopsis	*versatilis*	내염성, 간장 후숙에 관여하여 향기를 부여하는 후숙효모
	Candida	*utilis*	Xylose를 자화 아황산 펄프 폐액에 배양 사료효모 제조, Inosinic acid 제조에 이용
		tropicalis	Xylose를 자화 사료효모에 이용
		lipolytica	Lipase 생성, Butter나 Magarine에서 분리
	Rhodotorula	*glutinis*	유지효모

곰팡이

Chapter 4

1. 곰팡이의 형태적 특징
2. 곰팡이의 분류
3. 곰팡이의 생식
4. 조상균류(Phycomycetes)
5. 순정균류(Mycomycetes)

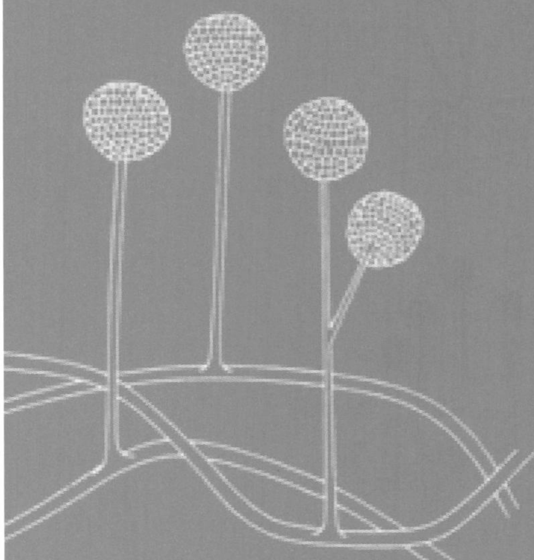

1. 곰팡이의 형태적 특징

곰팡이는 분류학상 진균류 Eumycetes에 속하며, 착색된 분말 상태의 포자 spore를 갖는 털 모양으로 된 균총 colony을 형성한다. 여러 개의 분지된 실 모양의 관에 다핵의 세포질이 들어 있는 구조를 균사 hypha라 하며, 균사의 집합체를 균사체 mycelium라 한다. 곰팡이는 균사를 형성하고 생활하는 것을 가리켜 사상균 filamentous fungi이라고도 부른다.

곰팡이의 일반적인 형태를 보면 **그림 4-1**과 같다.

균사체에서 갈라져서 기질의 표면에서 공기중으로 곧게 뻗어 자라 그 끝에 포자를 착생하는데 이 포자는 번식기관으로서 자실체 fruiting body라 한다. 그물과 같이 얽힌 균사체는 영양분의 섭취와 발육을 담당하는 영양기관으로서, 자라는 형태에 따라 기질 속으로 침투해 들어가며 자라는 것을 기중균사 sub-

그림 4-1 곰팡이의 일반적 형태

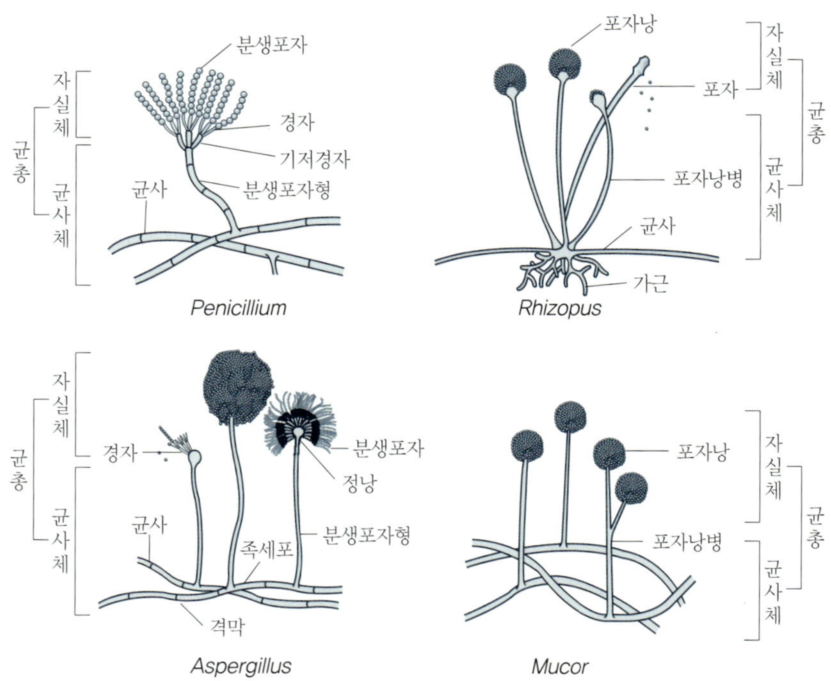

그림 4-2 곰팡이 균사의 특징

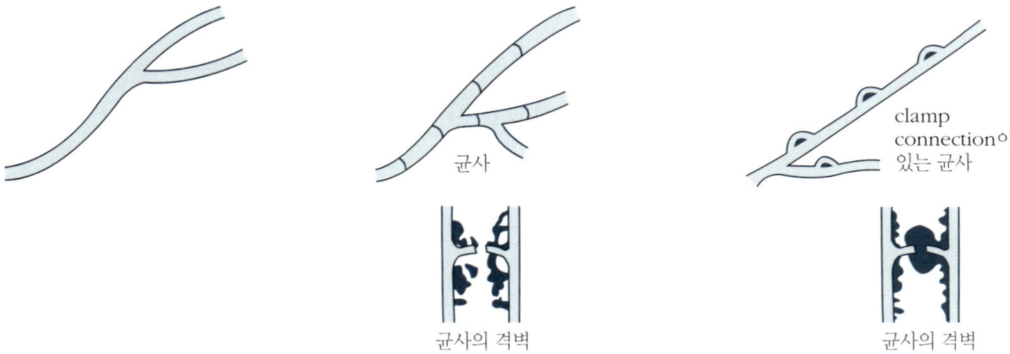

(a) 조상균류(Phycomycetes)
: 격벽이 없음

(b) 자낭균류(Ascomycetes)
: 격벽이 있음

(c) 담자균류(Basidiomycetes)
: 격벽과 clamp connection이 있음

merged hypha라 하고, 기질 표면에 밀착하여 옆으로 뻗어나가는 것을 영양균사 vegetative hypha라 한다. 또한 균사 끝에 번식기관을 형성하지 않고 기질의 표면에서 공중으로 곧게 뻗는 것을 기균사 aerial hypha라 한다. 그리고 균사체와 자실체 전체를 균총 colony, mycerial mat이라고 한다.

균사는 발육함에 따라 분지하며, 격벽(격막 septum)이라 불리는 칸막이가 생기는 것도 있고 생기지 않는 것도 있는데, 이러한 격벽의 유무는 진균류의 분류에 중요한 지표가 된다.

균사의 특징은 **그림 4-2**에 나타내었다.

조상균류 Phycomycetes의 균사는 격벽이 없으며, 그 속은 많은 핵을 가진 다핵체적 세포 coenocytic cell로 되어 있다. 그러나 순정균류 Mycomycetes의 균사는 격벽이 있으며, 자낭균류 Ascomycetes와 불완전균류 Fungi imperfecti에 속하는 곰팡이는 격벽 중앙에 작은 구멍이 있어 이 구멍을 통하여 세포질이 서로 연결된다. 또한 담자균류 Basidiomycetes의 균사는 clamp connection을 가지고 있는 경우도 있으며 복잡한 구조를 하고 있다.

2. 곰팡이의 분류

곰팡이는 분류학상 진균류 Eumycetes에 속하고, 진균류는 먼저 균사의 격벽 유무에 따라 대별하고, 다시 유성포자의 특징에 따라 분류한다. 즉 균사의 격벽이 없는 것을 조상균류 phycomycetes라 하며, 격벽이 있는 것을 순정균류 Mycomycotes라 한다.

표 4-1 곰팡이의 분류

강(Class)	아강(Subclass)	목(Order)	과(Family)	속(Genus)
조상균류 Phycomycetes	호상균류 Chytridiomycetes			
	난균류 Oomycetes	물곰팡이목 Saprolegniales		
		점병균목 Peronosporales		
	접합균류 Zygomycetes	털곰팡이목 Mucorales		*Mucor*, *Rhizopus*, *Absidia*, *Thammidium*
순정균류 Mycoycetes	자낭균류 Ascomycetes – 반자낭균류 Hemiasomycetes	Endomy cetales		*Eremothecium*, *Ashbya*, *Bysso chlamys*
	자낭균류 Ascomycetes – 진정자낭균류 Euascomycetes	Eurotiales		*Aspergillus*, *Penicillium*, *Monascus*
		Sphaeriales		*Neurospora*
	자낭균류 Ascomycetes – 소방자낭균류 Loculoascomycetes			
	불완전균류 Deuteromycetes	의구각균목 Sphaeropsidales		
		흑분균목 Melanconiales		
		무포자균목 Mycelia sterilia		
		선균목 Moniliales	담색선균과 Moniliaceae	*Geotrichum*, *Cephalosporium*, *Botrytis*
			암색선균과 Dematiaceae	*Cladosporium*, *Alternaria*
			류상균과 Tuberculariaceae	*Fusarium*
	담자균류 Basidiomycetes – 동담자균류 Homobasidiomycetes	송이버섯목 Agaricales		
	담자균류 Basidiomycetes – 이담자균류 Heterobasidiomycetes	흰목이버섯목 Tremellales		
		목이버섯목 Auriculariales		

다시 유성생식기관의 형성 방법에 따라 조상균류는 난포자를 형성하는 난균류 Oomycetes, 접합포자를 만드는 접합균류 Zygomycetes, 그리고 호상균류 Chytridiomycetes의 세 가지 아강 subclass으로 나뉜다. 또한 순정균류는 자낭포자를 형성하는 자낭균류 Ascomycetes, 담자포자를 형성하는 담자균류 Basidiomycetes, 유성포자를 형성하지 않는 불완전균류 Fungi imperfecti, Deuteromycetes로 분류한다 표 4-1 .

3. 곰팡이의 생식

진균류 Eumycetes의 생식은 주로 포자 spore에 의하여 이루어진다. 포자는 적당한 환경에서 발아하여 균사가 된 후 균사체를 형성한다. 이 포자를 형성하는 기관이 자실체이며, 곰팡이의 종류에 따라 특징적인 모양으로 나타난다.

포자는 유성생식으로 형성되는 유성포자 sexual spore와 무성생식으로 형성되는 무성포자 asexual spore가 있으며, 이들의 형태와 형성 방법은 다양하여 진균류의 분류에 중요한 지표가 된다.

1) 유성포자(sexual spore)

유성생식이란 두 개의 세포핵이 융합하여 하나의 핵이 되고 이 핵을 중심으로 유성포자가 형성되는 것을 말한다. 유성포자의 종류로는 난포자 oospore, 접합포자 zygospore, 자낭포자 ascospore, 담자포자 basidiospore 등 네 종류가 있으며, 포자를 형성하는 과정은 그림 4-3과 같다.

(1) 난포자(oospore)

난균류 Oomycetes의 유성포자이며 편모를 가지고 있어 포자 자신이 편모운동을 한다. 이러한 포자를 특히 유주자 zoospore라고도 한다.

그림 4-3 유성포자의 형성 과정

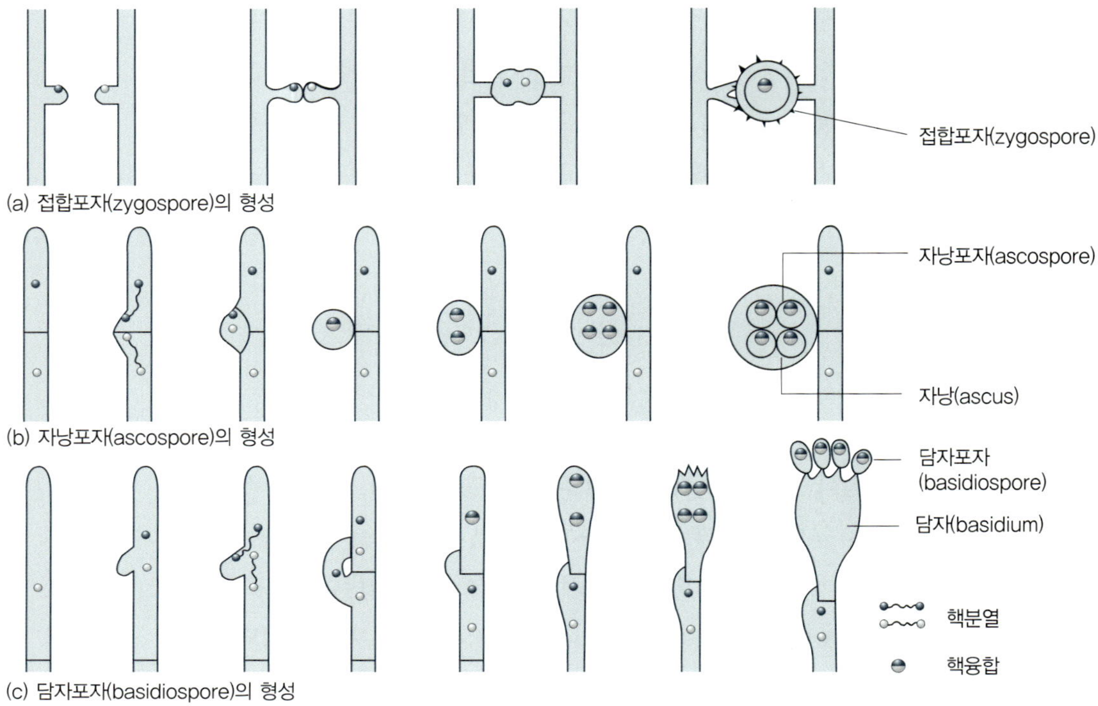

유성포자 형성 순서 : 핵융합(nuclear fusion) → 핵분열(nuclear division) → 포자 형성

(2) 접합포자(zygospore)

접합균류 Zygomycetes의 *Mucor* 속, *Rhizopus* 속, *Absidia* 속에서 흔히 볼 수 있다. 이들 곰팡이는 두 개의 다른 균사가 돌출 · 신장하여 접합하고, 접촉 부위가 팽대해지면서 양쪽 균사 사이에 격막을 형성, 원형질의 교류와 함께 막이 깨져 핵이 융합하고, 두꺼운 피막이 형성되며, 내부에 접합포자 zygospore를 만든다. 접합포자를 둘러싼 주머니를 접합포자낭 gametangium이라 한다.

(3) 자낭포자(ascospore)

자낭균류 Ascomycetes가 자낭 ascus이라는 특수한 세포 속에서 형성하는 내생포자 endospore를 자낭포자 ascospore라고 한다. *Aspergillus* 속에서 볼 수 있으

그림 4-4 자낭과(ascocarp)의 형태

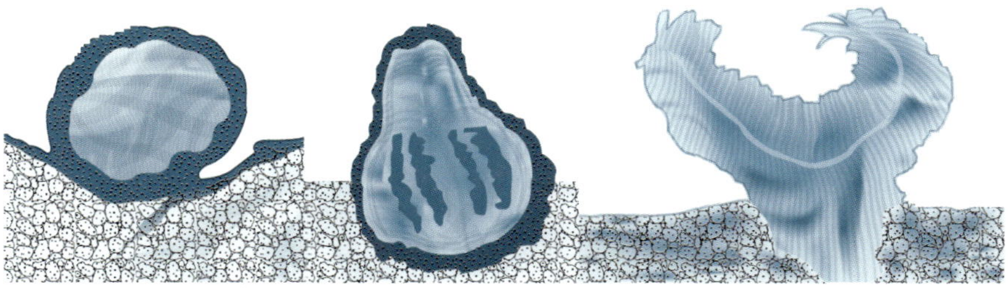

며, 두 균사에 속하는 두 종의 세포와 접합하여 유성적으로 자낭을 형성하고, 그 안에 보통 여덟 개의 자낭포자를 내생한다. 자낭은 균사의 조직층인 측사 paraphysis로 싸여 자낭과 ascocarp가 된다. 자낭과의 종류는 구형의 개구부 ostiole가 없는 폐자기 cleistothecium, 플라스크형으로 끝의 입이 열려 있는 피자기 perithecium와 컵 모양으로 내부가 완전히 열려 있는 나자기 apothecium 등 세 가지 유형으로 나뉜다 그림 4-4. 자낭 내의 포자가 성숙되면 자낭은 용해 또는 파열되어 포자가 비산, 증식하게 된다.

(4) 담자포자(basidiospore)

담자균류 Basidiomycetes는 두 개의 접합된 균사에서 균반 clamp connection을 형성한 후 발전되어 나온 여러 개의 담자기 basidium를 형성하고, 그 선단에 보통 네 개의 경자 sterigmata가 생겨 그 위에 담자포자 basidiospore가 한 개씩 외생한다.

2) 무성포자(asexual spore)

무성생식이란 세포핵의 융합 없이 단지 분열에 의해 무성적으로 포자를 형성하는 것으로 무성포자의 형성 방법, 형태 등은 각 속 간에 여러 가지 차이가 있다. 대부분의 곰팡이는 무성포자에 의해서 번식한다. 이들 포자는 건조상태에서도 잘 견디고, 대기중에 날려져 좋은 조건이 되면 새로운 균사를 만들어 번식한다. 곰팡이의 균총 색깔은 대부분 무성포자의 색깔에 따라 나타난다.

무성포자는 균사 내부 구조 중에 생성되는 내생포자 endospore와 균사 외부에 형성되는 외생포자 exospore, 그리고 균사의 일부가 변형되어 내구체 형으로 된 포자 등이 있다. 무성포자의 종류에는 포자낭포자 sporangiospore와 유주자 zoospore 등의 내생포자 그림 4-5와 분생포자 conidiospore, 후막포자 chlamydospore, 분절포자 arthrospore, 출아포자 blastospore 등의 외생포자가 있다 그림 4-6.

(1) 내생포자(endospore)

① 포자낭포자(sporangiospore)

균사로부터 위로 뻗은 포자낭병 sporangiophore의 선단이 팽대하여 포자낭 sporangium을 형성하고, 그 속에 여러 개의 포자가 내생하므로 포자낭포자 sporangiospore라고 한다. 성숙되면 포자낭이 파열되거나 용해되어 포자가 밖으로 나오며, 이 포자가 발아하여 무성적으로 균사가 된다. 이와 같이 포자낭포자를 형성하는 곰팡이는 *Mucor* 속, *Rhizopus* 속이 대표적이다.

그림 4-5 내생포자의 형태

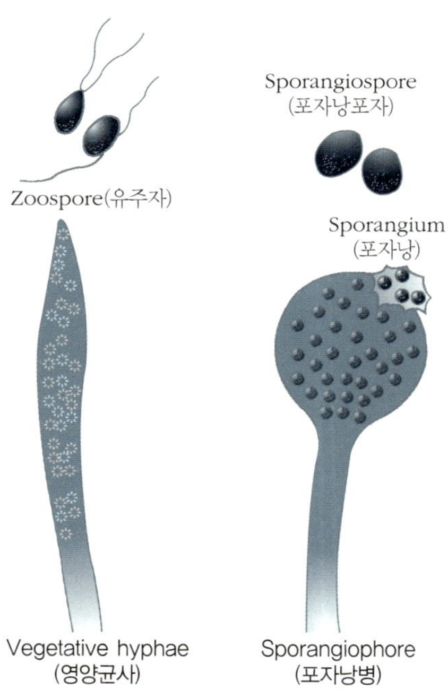

② 유주자(zoospore)

편모를 가진 포자낭포자를 유주자라고 한다. 유주자낭 zoosporangium 속에는 한두 개의 편모를 가진 유주자들이 형성되어 있으며, 물속에서의 운동이 적합하기 때문에 운동포자라고도 한다. 유주자는 물속에서 적당한 기질을 만나 부착하면 편모를 잃고 발아하여 새로운 개체가 된다. 주로 물속에서 생존하는 편모균류에서 볼 수 있다.

(2) 외생포자(exospore)

① 분생포자(conidiospore)

분생포자 conidiospore는 분생자 conidia라고도 하며, 자낭균류 Ascomycetes에 속하는 *Aspergillus* 속, *Penicillium* 속 곰팡이에서 볼 수 있다. 기균사로부터 뻗은 분생자병 conidiophore의 끝이 팽창하여 정낭 vesicle이 되고, 그 위에 경자 sterigmata가 생기며, 경자의 끝이 갈라져 염주 모양의 분생포자가 무수히 형성된다. *Aspergillus* 속이나 *Penicillium* 속에서는 경자의 선단에 돌기가 생겨 구심적 basipetal으로 분생포자가 생기므로 최상의 것이 가장 오래된 포자이며, 이것이 소병자포자 phialospore이다.

그림 4-6 외생포자의 형태

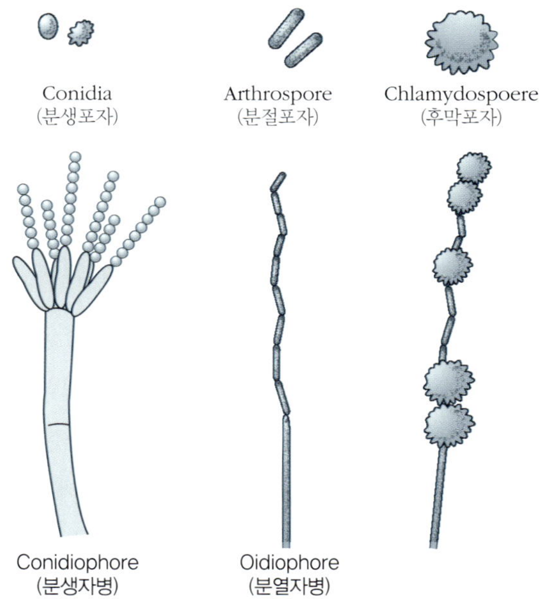

② 후막포자(chlamydospore)

불완전균류 Fungi imperfecti 중의 *Scopulariopsis* 속과 접합균류 Zygomycetes의 일부에서 흔히 볼 수 있다. 일종의 휴면성 세포로서 균사의 끝이나 중간에 원형질이 모여 팽대해지면서 세포벽이 두꺼워진 휴면성 내구체인 포자이다. 보통의 균사체에 비하여 불리한 환경에 대한 저항성을 갖는다.

③ 분절포자(arthrospore) 또는 분열자(oidia)

균사나 포자낭병의 끝에서 일정한 간격으로 격벽을 형성함에 따라 균사가 분절되어 포자를 형성하고, 이것이 흩어져서 생식을 한다. 분절포자는 불완전균류의 *Geotrichum* 속, *Moniliella* 속에서 흔히 볼 수 있다.

④ 출아포자(blastospore)

발아포자, 분아포자 또는 아생포자라고도 한다. 출아 budding에 의해 제1 포자에서 원심적 acropetal으로 순차 제2, 제3의 포자가 형성되므로 최하부의 것이 가장 오래된 포자이다. 불완전균류의 *Cladosporium* 속에서 볼 수 있는 포자이다.

4. 조상균류(Phycomycetes)

조상균류는 균사에 격벽이 없고 다핵체적 세포 coenocytic cell로 되어 있으며, 호상균류 Chytridiomycetes, 난균류 Oomycetes, 접합균류 Zygomycetes의 세 가지 아강 subclass으로 나뉜다 표 4-1. 조상균류에 속하는 식품에 관여하는 주요 곰팡이의 대부분은 접합균류이다.

접합균류는 유성생식으로 접합포자를 형성하나 특별한 경우에만 관찰되고, 일반적으로 무성생식기관인 포자낭포자 sporangiospore를 내생하여 내생포자 endospore로 증식하는 것이 보통이다. 접합균류 중에서는 Mucorales(털곰팡이) 목에 속하는 식품에 중요한 곰팡이가 가장 많으며, 이 목에 속하는 대부분의 곰팡이는 포자낭병 sporangiophore의 끝에 포자낭을 만든다. 우선 포자낭병의 끝이 팽대되어 중축 columella을 형성, 여기에 포자낭 sporangium이 생기는데, 포자낭 내부에서는 무수히 많은 포자낭포자 sporangiospore가 생성된다. 중축의 형태는 균종에 따라 다르고, 성숙된 포자낭이 터져 포자가 비산하고 나면 중축만 남게 된다. Mucorales(털곰팡이) 목에는 7개의 속이 있으며, 그중 식품에 관련된 중요한 것은 *Mucor*(털곰팡이) 속, *Rhizopus*(거미줄곰팡이) 속, *Absidia*(활털곰팡이) 속, *Thamnidium* 속 등이 있다.

1) *Mucor*(털곰팡이) 속

Mucorales(털곰팡이) 목의 가장 대표적인 속으로 토양, 퇴비, 과일 등에서 흔히 볼 수 있으며, 발효공업에 중요한 속으로 알려져 있다.

포자낭병의 분지 여부, 길이, 포자낭의 크기, 색깔, 포자낭막의 특성, 중축의 형태, 균총의 형태와 색깔에 따라 균종을 분류한다. 그림 4-7과 같이 포자낭병이 균사로부터 직접 뻗어 올라가는 것을 monomucor, 가지를 처음 치는 것을 racemomucor, 줄기를 치는 것을 cymomucor라 한다.

그림 4-7 *Mucor* 속의 형태

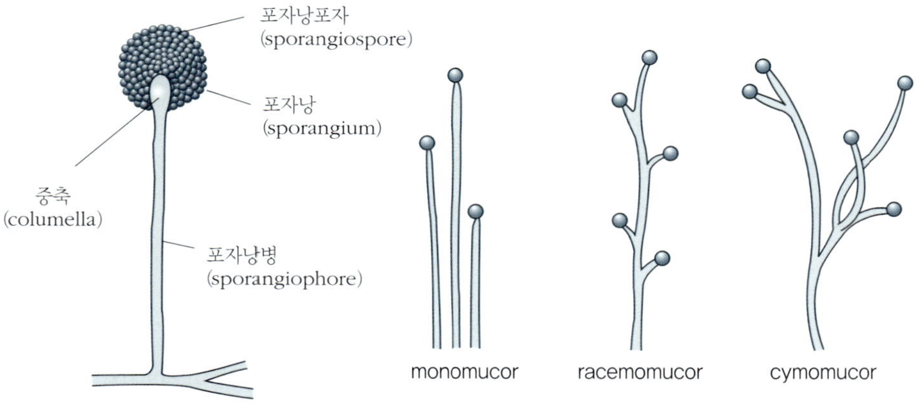

■ *Mucor mucedo*

분포범위는 육류, 빵, 채소, 과일, 퇴비, 토양 등으로 넓다. Monomucor형을 한 곰팡이로 균사는 백색, 포자낭은 회색, 중축은 서양배 형태의 등색이며, 접합포자는 구형에 흑색이다.

생육적온은 20~25℃이며, 단백질이나 유지를 분해하므로 낙농공업에서는 유해균이 되고 응용적 가치는 없다. Glucose 및 maltose를 약하게 발효시키며, gelatin 액화력, 알코올 발효력 등이 있으나 매우 약하다.

■ *Mucor racemosus*

습기가 많은 곳에 잘 발생하여 여러 곳에 광범위하게 분포해 있다. 부패한 채소, 과일, 맥아, 사료 등에서 자주 발견된다. 포자낭병은 처음에는 분기하지 않으나 시간이 지남에 따라 포도송이처럼 가지가 생겨 racemomucor형이 된다. 포자낭은 구형으로 황갈색의 벽을 가졌고, 포자는 난형 또는 구형으로, 무색 또는 황색이다. 균총은 회백색 또는 회갈색으로 후막포자를 만든다.

당액 중에서 알코올 발효(최대 7%)를 하고 glycerol을 생성하기도 하나 주로 과일을 부패시키는 곰팡이로 알려져 있다. 생육적온은 20~25℃이다. 간장

koji를 만들 때 혼입되어 생육하여 간장 koji를 흑변시키고 나쁜 냄새를 나게 한다. 비타민 B_1 및 비타민 B_2의 합성력도 강하다.

■ *Mucor pusillus*

Racemomucor형이고, 생육의 최적온도가 40℃로 높다. 치즈 제조에 필요한 응유효소를 생산하는 균주로 알려져 있다.

■ *Mucor rouxii*

싱가포르산 곡자에서 분리된 cymomucor형으로 균총은 회홍색 또는 담갈색이며 후막포자를 만든다. 전분 당화력이 강하고, 약간의 알코올 발효능도 있어 amylo법에 의한 알코올 발효에 이용되기도 하였다. 생육적온은 30~40℃이다.

2) *Rhizopus*(거미줄곰팡이) 속

생육이 빠른 점에서 *Mucor* 속과 비슷하나 긴 포복지 stolon가 칡덩굴처럼 뻗어서 번식하고 배지에 닿는 곳에 가근 rhizoid을 내린다. 포자낭병 sporangiophore은 가근이 있는 곳에서 1~5개 생기고, 중축은 반구형이다. 포자낭은 구형이며 포자낭의 기부에 깔때기 모양의 지낭 apophysis을 형성하기도 한다. 포자낭포자는 구형 또는 다각형이고 표면에 주름이 잡혀 있다. 후막포자를 만들며, 균총은 보통 회백색이고 포복지가 계속하여 생기므로 *Mucor* 속보다 번식력이 왕성하다. 곡류나 과일에 발생하여 해를 끼치기도 하나 전분 당화력이나 유기산 생성능이 강하여 발효공업에 이용하는 균종도 많다 **그림 4-8**.

■ *Rhizopus nigricans*

Rhizopus 속의 대표적인 균종으로서 공기중에는 이 곰팡이가 가장 많다. 균총은 회흑색이고, 포자낭은 흑색 구형이며, 접합포자를 만든다. 전분 당화력이 강하며 약한 알코올 발효력을 가진다. Gelatine을 빨리 용해시키며, oxalic

그림 4-8 *Rhizopus* 속의 형태

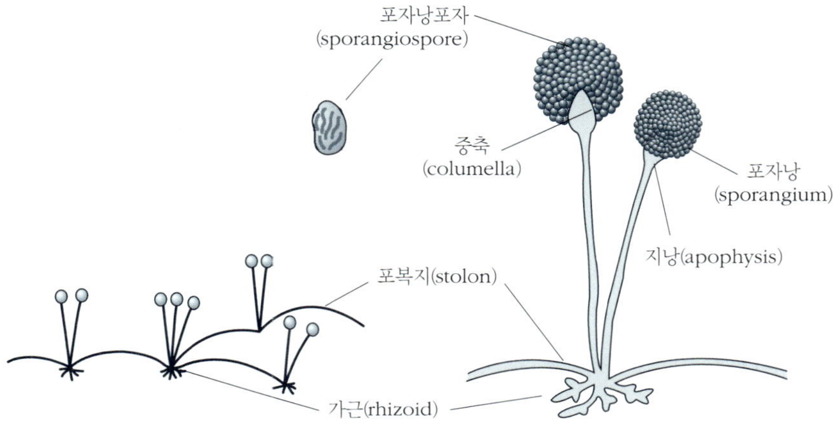

acid, fumaric acid를 생성한다. 고구마의 연부 soft decay의 원인이 되며, 딸기 등의 과일, 곡류, 빵 등에 번식하여 부패 원인이 된다. 생육적온은 32~34℃이다.

■ *Rhizopus delemar*

중국 소흥주의 주약(누룩의 일종)에서 분리된 곰팡이로 균총은 회갈색이고, 회색의 구형 또는 타원형의 포자낭이 군생하며, 접합포자를 만들지 않는다. 특히 전분 당화력이 강하여 포도당 제조 시 사용하는 당화효소 glucoamylase 제조에 이용하고, amylo법에 의한 알코올 발효에 사용하기도 하였다. 생육적온은 25~30℃이다.

■ *Rhizopus javanicus*

Java의 ragi 곡자에서 분리되었으며, 특히 감자류 전분의 당화력이 강하여 현재 amylo법에서 중요하게 쓰이는 amylo균이다. 번식력이 왕성하여 포자낭의 형성도 많고, 균총은 백색인데 오래되면 황갈색으로 변한다. 포자낭은 둥글고 표면에 가시가 있으며, 자낭이 발달되어 있다. 생육적온은 36~38℃이다.

■ *Rhizopus japonicus*

일본산 koji에서 분리된 균으로 간장국에도 존재하며, 포자낭은 타원형, 흑색이고 포자는 난원형 또는 다각형이며, 후막포자는 형성하나 접합포자는 형성하지 않는다. 전분 당화력이 강하며 amylo법에 이용하고, raffinose를 발효시키며, pectin 분해력도 강하다. 생육적온은 30℃이며, 맥아 malt 대용으로 사용하기도 한다.

■ *Rhizopus tonkinensis*

Tonkin산 koji에서 분리된 균으로 amylo법에 이용되며, raffinose를 발효시키지 못하지만 포도당을 발효시켜 lactic acid와 fumaric acid를 생산한다. 생육적온은 36~38℃이다.

■ *Rhizopus oryzae*

Java의 ragi 곡자에서 분리된 균으로 균총은 흑색이고 접합포자는 만들지 않지만 때로 후막포자가 발견된다. 전분 당화력이 강하여 amylo법에 의한 알코올 제조에 사용된다. Sucrose를 발효시켜 알코올, fumaric acid, lactic acid를 생산하며, 특히 L-lactic acid의 제조에 응용된다. 인도네시아에서는 Arrak주 및 Tempeh 등의 제조에 이용한다. 생육적온은 30~40℃이다.

그림 4-9 *Absidia* 속의 형태

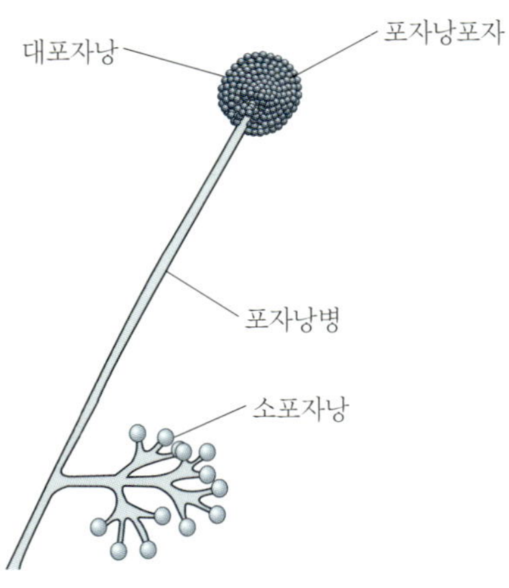

3) *Absidia*(활털곰팡이) 속

전체적인 형태는 *Rhizopus* 속과 비슷하게 생겨서 포복지와 가근이 있으나 *Rhizopus* 속처럼 포자낭병이 가근의 기부로부터 발생하지 않고 가근과 가근의 중간에서 발생하는 점이 다르다. 포자낭은 작은 서양배 모양이다. 접합포자는 지지기에서 발생하는 돌기에 비비 꼬여 싸여 있다. 일반적으로 토양 중에 광범위하게 분포하고 있으며, 고량주의 곡자에서 분리되었다 그림 4-9.

■ *Absidia lichtheimi*

중국산 소흥주의 곡자에서 분리된 균으로 균총은 처음엔 백색이고 후에 회백색이 된다.

4) *Thamnidium* 속

포자낭병의 맨 끝에 포자낭을 만들고 기부 근처에 소포자낭 sporangiole을 방상으로 착생한다. 소포자낭은 포자낭과 같은 형태이나 그 속에 포자가 2~12개 들어 있으며, 여러 개의 가지로 나누어진 곁가지의 끝에 착생한다 그림 4-10.

그림 4-10 *Thamnidium* 속의 형태

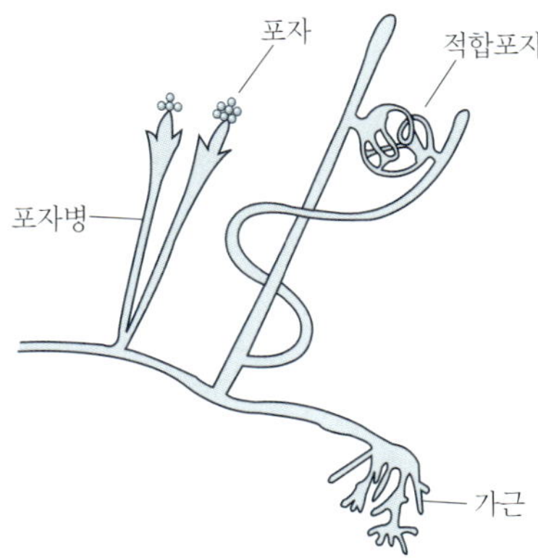

■ *Thamnidium elegans*

포자낭은 암갈색이고, 저온저장 중인 육류에서 발생한다.

5. 순정균류(Mycomycetes)

순정균류 Mycomycetes는 자낭균류 Ascomycetes, 불완전균류 Fungi imperfecti, Deuteromycetes, 담자균류 Basidiomycetes의 세 가지 아강 subclass으로 나뉜다 표 4-1.

1) 자낭균류(Ascomycetes)

자낭균류는 균사에 격벽이 있고 유성적으로는 자낭포자를 자낭 속에 내생하기도 하지만 보통은 무성적으로 균사에 그 균종 특유의 분생자병 conidiophore을 형성하고 있으며, 그 위에 여러 개의 분생자 conidium 또는 분생포자 conidiospore라는 외생포자 exospore를 형성하여 이것으로 증식하는 것이 보통이다.

자낭균류는 자낭 ascus이 그대로 노출되어 있는 반자낭균류 Hemiascomycetes, 자낭이 다시 자낭과 ascocarp로 싸여 있는 진정자낭균류 Euascomycetes, 자낭과가 자좌 stroma로 된 소방자낭균류 Loculoascomycetes의 세 가지 아강으로 나뉜다 표 4-1.

반자낭균류에는 Endomycetales 목이 속하며, 이 목에는 *Eremothecium* 속, *Ashbya* 속, *Byssochlamys* 속과 유포자효모가 들어 있다. 진정자낭균류 중에서 식품미생물로 중요한 곰팡이는 Eurotiales 목에 속하는 *Aspergillus*(누룩곰팡이) 속, *Penicillium*(푸른곰팡이) 속, *Monascus*(홍국곰팡이) 속 등이 있으며, Sphaeriales 목의 *Neurospora*(빨간곰팡이) 속이 있다.

(1) Eurotiales 목

① *Aspergillus*(누룩곰팡이) 속

된장, 간장, 약주, 탁주 등 양조공업에 널리 이용되는 곰팡이의 대부분이 이 속에 속한다. 이들 곰팡이는 각종 효소를 다양하게 생성하는데, 특히 전분 당화력과 단백질 분해력이 강하다. 일반적으로 균사가 긴 장모균은 전분 당화력이 강하고 균사가 짧은 단모균은 단백질 분해력이 강하며, 국산 kojic acid을 생성한다.

그림 4-11 *Aspergillus* 속의 형태

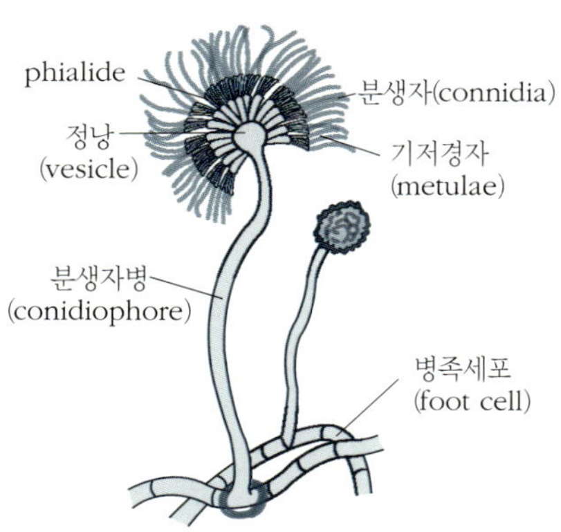

균사에 격벽이 있고 무색 또는 약간의 색깔이 있는 것도 있으며, 균사의 일부가 두껍게 팽배한 병족세포 foot cell에서 분생자병이 분기하고 그 끝에 정낭 vesicle이 생기며, 여기에 경자 sterigmata가 연쇄적으로 착생하고 분생포자가 염주알처럼 달리게 된다. 정낭의 형태는 균종에 따라 구형, 원주형, 곤봉형, 방상형 등 여러 가지가 있다. 균총의 색깔은 백색, 황색, 녹색, 흑색 등 매우 다양하여 이에 따라 백국균, 황국균, 흑국균 등으로 나눈다 그림 4-11.

■ *Aspergillus oryzae*

누룩, koji 곰팡이의 대표적인 것으로 황국균이라고 한다. 전분 당화력과 단백질 분해력이 강하여 양조공업에 널리 사용된다. 균총은 처음에는 백색이었다가 분생자가 생기면 황륵색이 되고 오래되면 갈색으로 변한다. 생육적온은 30℃ 정도이며, 각종 효소를 다양하게 생성하므로 koji로부터 효소를 추출하여 소화제 제조에 사용하기도 한다.

■ *Aspergillus niger*

과일이나 빵에 잘 번식하는 곰팡이로서 흑국균이라고 부르는데 포자가 흑색인 것이 특징이며 구형이다. 전분 당화력이 강하고 당액을 발효시켜 oxalic acid, citric acid, gluconic acid 등을 대량 생성하는 균주가 많아 유기산 발효공업에 이용되며, pectinase를 강하게 분비하는 균주는 과일 주스의 청징제 제조에 이용한다.

■ *Aspergillus glaucus*

균총이 청록색인 풀색 곰팡이로, 포자에는 가시가 있으며 황색의 피자기 perithecium를 만드는 것이 특징이다. 삼투압이 높은 곳에서도 자라고, 훈제품에서 많이 볼 수 있으며 일본의 가다랭이 Kazuobushi에 특유한 향기를 부여한다.

■ *Aspergillus flavus*

*Aspergillus oryzae*와 비슷한 점이 많으나 포자가 처음부터 녹색인 점이 다르다. 토양이나 식품에서 흔히 볼 수 있는 곰팡이로 aflatoxin이라는 발암물질을 생성하는 것도 있다.

② *Penicillium*(푸른곰팡이) 속

자연계에 널리 분포하며 균총은 청록색인 경우가 많기 때문에 푸른곰팡이라고 불리나 회백색, 황갈색, 적색 등을 나타내는 것도 있다. 빵, 과일, 채소 등

그림 4-12 *Penicillium* 속의 형태

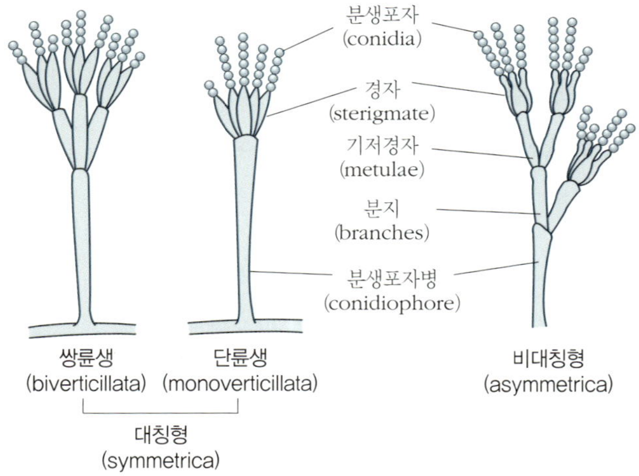

에 잘 번식하여 이들을 변패시키며, 또한 황변미 yellow disease rice의 원인이 되는 등 유해한 균종도 많으나 치즈의 숙성, 유지 생산, 페니실린의 생산에 이용되는 유익한 균종도 있다. 생육적온은 20~25℃이며 낮은 온도에서 영양분이 적어도 잘 자란다.

균사는 무색투명하며 격벽이 있다. *Aspergillus* 속과 분류학상 가까우나 분생자병의 끝에 정낭을 만들지 않고 직접 분기하여, 경자가 빗자루나 붓 모양으로 배열하여 추상체 penicillus를 형성하는 점이 다르며 병족세포도 없다. 경자의 상단에는 분생포자가 염주 모양으로 외생한다.

추상체가 분기하지 않는 것을 단륜생 monoverticillata, 분기하여 2단으로 되는 것을 쌍륜생 biverticillata, 그 이상으로 분기된 것을 다륜생 polyverticillata이라 하며, 또 추상체가 분기하여 좌우대칭을 이루는 대칭형 symmetrica과 대칭이 아닌 비대칭형 asymmetrica이 있다 그림 4-12.

■ *Penicillium chrysogenum*

과일에서 분리한 균으로 페니실린 생산에 이용되는 유익한 곰팡이이다. 비대칭형 asymmetrica에 속하며 균총은 선녹색에서 회갈색으로 변하고, 포자는 타원형이다.

■ *Penicillium notatum*

Fleming에 의해 발견된 최초의 페니실린 생성균주이다. 비대칭형 asymmetrica에 속하고 포자는 구형이다.

■ *Penicillium roqueforti*

프랑스의 Roquefort 치즈의 숙성과 향미에 관여하는 곰팡이로서 casein을 분해하여 독특한 향기와 맛을 부여하고, 녹색 반점을 나타낸다. 비대칭형 asymmetrica에 속한다.

■ *Penicillium camemberti*

프랑스의 Camembert(까망베르) 치즈의 숙성에 관여하는 비대칭형 asymmetrica의 곰팡이이며, 균총은 양털 모양으로 백색에서 엷은 녹색으로 변한다.

■ *Penicillium citrinum*

황변미의 원인이 되는 균으로서 신장장애를 유발하는 황색의 유독색소인 citrinin $C_{13}H_{14}O_5$을 생성한다. 비대칭형 asymmetrica에 속하며 균총은 비로드 모양의 암청색을 띤다.

■ *Penicillium islandicum*

황변미의 원인이 되는 균총으로 luteoskyrin, cyclochlorotin, islanditoxin 등을 생성한다. 쌍륜생의 비대칭형이다.

■ *Penicillium expansum*

과일 중 사과와 배를 부패시키는 원인균이며, 비대칭형에 속한다.

■ *Penicillium italicum*

과일 중 감귤류를 부패시키는 것으로 비대칭형이다.

③ *Monascus*(홍국곰팡이) 속

진분홍색 색소인 monascorbine $C_{22}H_{24}O_5$을 생성하므로 균총은 선홍색을 나타낸다. 균사는 분기하여 격벽을 가지며, 균사의 끝에 폐자기 cleistothecium를 형

그림 4-13 *Monascus* 속의 형태

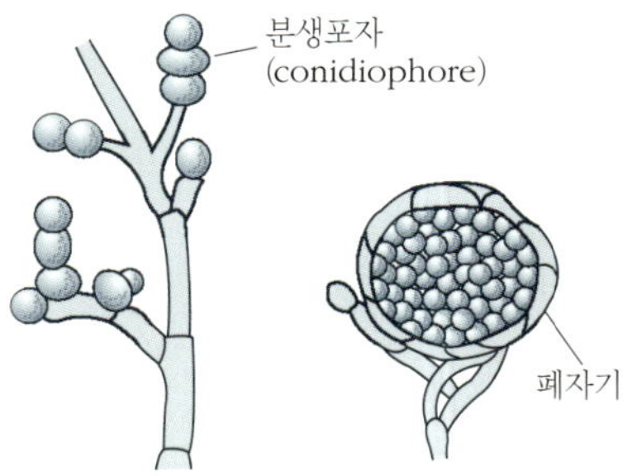

성하고 그 속에 타원형 또는 구형의 자낭포자를 형성한다. 무성생식의 경우에는 균사의 곁가지에 분생포자를 연결하여 착생한다.

■ *Monascus purpureus*

중국 남부 지역, 말레이시아 등에서 쌀에 이 곰팡이를 번식시켜 홍국 hang-khak을 만들어 이것으로 홍주 hong-chu를 양조한다. 균사의 색깔은 처음에는 무색이나 차차 분홍색으로 변한다.

■ *Monascus anka*

*Monascus purpureus*와 비슷하며 홍국, 홍유부의 제조에 이용된다. 균사의 색깔은 분홍색이며, pectinase 분비력이 강하여 과즙의 청징제로 이용되기도 한다.

(2) Sphaeriales 목

Neurospora(빨간곰팡이) 속은 고온다습한 여름철에 옥수수의 속대에서 흔하게 번식하여 오렌지색으로 나타나며, 빵에도 잘 발생하기 때문에 빨간 빵곰팡이라고도 한다.

갈색 또는 흑색의 피자기 perithecium를 만들어 그 속에 원통형인 자낭을 형성하여 자낭포자를 4~8개 내생한다. 무성세대에서는 오렌지색 또는 담홍색의 분생포자가 가루처럼 덩어리가 되어 착생한다.

그림 4-14 *Neurospora* 속의 형태

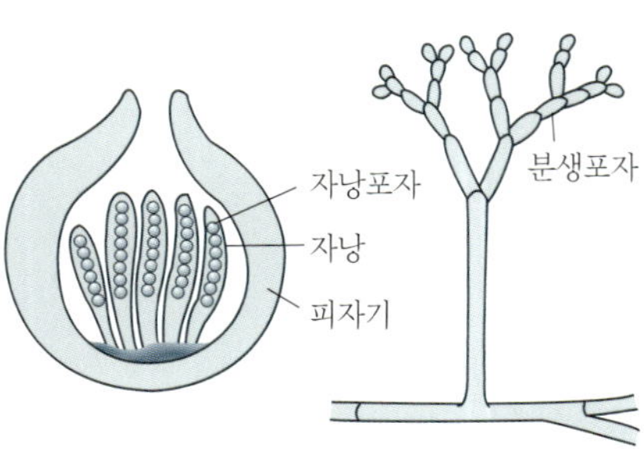

■ *Neurospora sitophila*

무성포자로서 홍색의 분생포자를 만들며, 포자의 색소에는 β-carotene이 함유되어 있다. Lipase 분비력이 강

하며, 인도네시아에서는 이 곰팡이를 땅콩에 번식시켜 ontjom이라는 발효식품을 만들기도 한다.

2) 불완전균류(Fungi imperfecti, Deuteromycetes)

진균류 Eumycetes 중에서 균사체와 분생자만으로 증식하는 균류, 즉 핵융합을 행하는 유성생식이 전혀 확인되지 않는 균류와 유성생식이 알려진 균류의 불완전세대(무성생식)를 총칭하여 불완전균류라 한다. 불완전균류는 의구각균 목 Sphaeropsidales, 흑분균 목 Melanconiales, 무포자균 목 Mycelia sterilia, 선균 목 Moniliales의 네 가지 목으로 분류한다 표 4-1 .

의구각균 목은 균사가 모여 구상의 분자기 pycnidium를 만들고, 그 속에 많은 분생자를 형성하며, 흑분균 목에서는 식물 표피의 아래에 분생자병이 기생한 자좌 acervuli를 형성하고 표피가 파괴되면 안으로부터 많은 분생자가 나온다. 이들 두 가지 목에 속하는 곰팡이는 거의 대부분이 식물병원균이다. 또한 무포자균 목은 균사만 있고 무성포자의 착생을 볼 수 없는 것이다. 그러나 선균 목의 경우는 이와 같이 특별한 무성생식기관을 만들지 않고 분생자병이 단독으로 생기는 것으로 식품미생물로서 중요한 곰팡이가 되는 것이 많으며, 이 목 중에서 식품과 관련된 중요한 과 family는 담색선균 과 Moniliaceae, 암색선균 과 Dematiaceae, 류상균 과 Tuberculariaceae 등이 있다 표 4-1 .

(1) 담색선균 과(Moniliaceae)

① *Geotrichum* 속

기균사 aerial hyphae의 끝부터 차례로 격벽을 형성하며, 그 일부가 분열하여 분열자 oidia, 즉 분절포자 arthrospore가 된다 그림 4-15 .

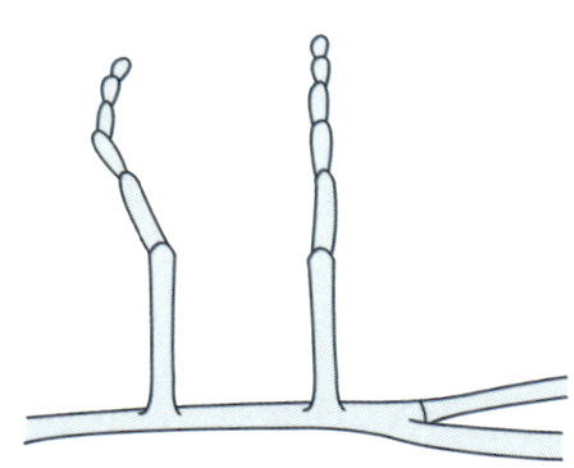

그림 4-15 *Geotrichum* 속의 형태

■ *Geotrichum candidum*

백색 곰팡이로서 우유 및 유제품에 잘 번식하며, 제과, 전분 공장의 폐수에도 자주 발생한다.

그림 4-16
Cephalosporium 속의 형태

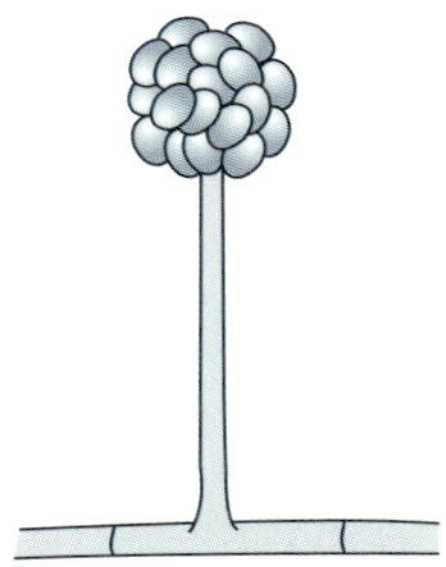

② *Cephalosporium* 속

균사에는 격벽이 있으며, 균사의 각 부위에서 격벽이 없는 짧은 분생자병이 직립하여 발생하고, 그 끝에 무색투명한 분생자가 연속적으로 형성되면서 동시에 분비되는 점액에 의하여 둥근 덩어리가 형성된다. 비교적 독성이 적은 β-lactam계의 항생물질의 일종인 cephalosporin C를 생성하는 균주가 있다 그림 4-16.

■ *Cephalosporium gramineum*

소맥의 줄무늬마름병의 원인균이다.

그림 4-17
Botrytis 속의 형태

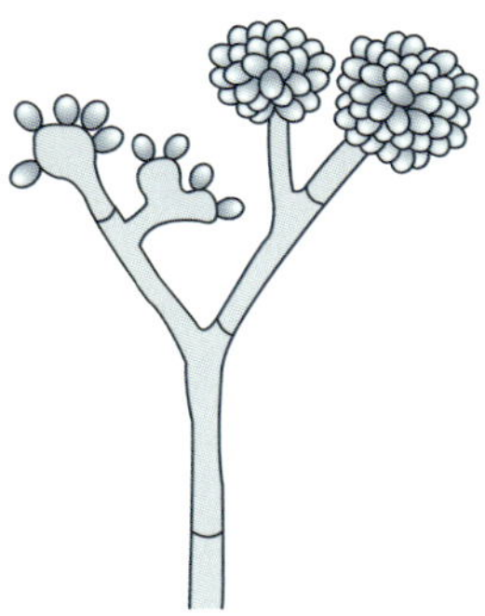

③ *Botrytis* 속

분생자병은 가지를 치고 그 끝에 포자를 방사상으로 형성하며, 균총은 회색이고 균핵 sclerotium을 형성한다. 포도나 딸기 등에 잘 발생하는 유해균이다 그림 4-17.

■ *Botrytis cinerea*

포도에 번식하면 산을 소비하여 신맛이 없어지며 수분이 감소하여 상대적으로 감미가 높아진다. 포도에 이 곰팡이가 감염된 것을 귀부라 하며, 이것으로 만든 포도주를 특히 귀부포도주 sauterne라고 부른다.

(2) 암색선균 과(Dematiaceae)

① *Cladosporium* 속

분생자병이 분지하여 그 끝에 구형의 분생포자가 분지상으로 연결되어 형성되고, 포자는 오래되면 격벽이 생긴다. 균총은 암녹색 또는 흑색이며, 자연계에 널리 분포되어 있고 냉장한 수육, 계란 껍데기 등에 흑색 반점을 만들기도 한다.

식물의 병원균이 되는 것이 많으며, 사료에 번식하여 가축에게 중독을 일으키는 경우도 있다. 습한 맥아, 호프, 섬유, 목재 등을 침해하고, 포도주병의 코르크 마개에 나쁜 냄새를 주며 우유에 쓴맛을 내기도 한다 그림 4-18.

그림 4-18
Cladosporium 속의 형태

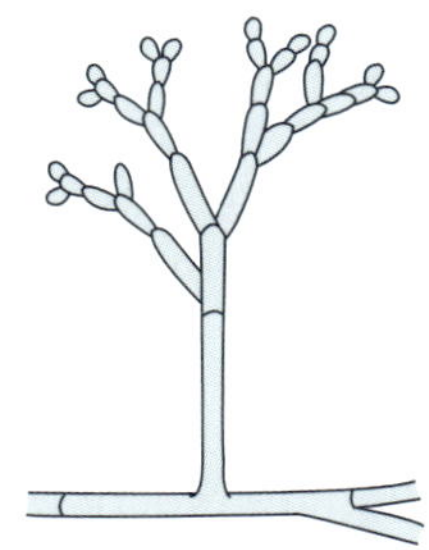

■ *Cladosporium herbarum*

토양 중에 많고, 목재, 종이, 직물, 식품 등에 잘 번식하는 유해 곰팡이로 알려져 있다.

② *Alternaria* 속

토양 중에 많으며 목재, 섬유, 식품 등에 잘 발생하고, 식물에 흑반병을 일으키는 원인균이다. 균체는 회녹색이고, 균사에 격벽이 있으며, 분생포자는 거대한 난형 내지 곤봉형, 녹갈색 내지 암갈색인 다세포로 가로, 세로, 대각선으로 격벽이 있다 그림 4-19.

그림 4-19
Alternaria 속의 형태

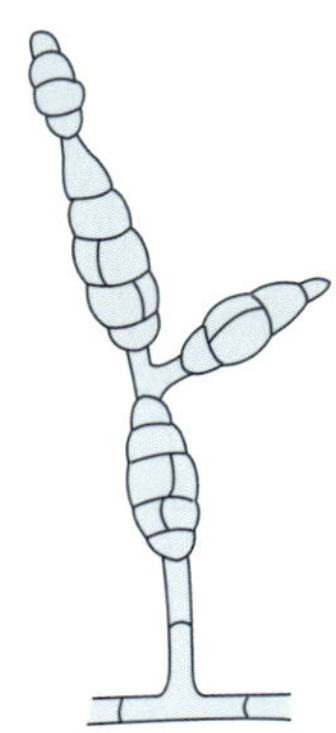

■ *Alternaria tenius*

식물의 병원균이다.

(3) 류상균 과(Tuberculariaceae) *Fusarium* 속

초생달과 같은 모양의 분생포자를 착생하고, 균총은 분홍색 내지 적자색이다. 식품에 잘 발생하며, 토양 중에 널리 분포하고, 식물의 뿌리와 잎으로부터 침입하는 병원균이다 그림 4-20.

그림 4-20 *Fusarium* 속의 형태

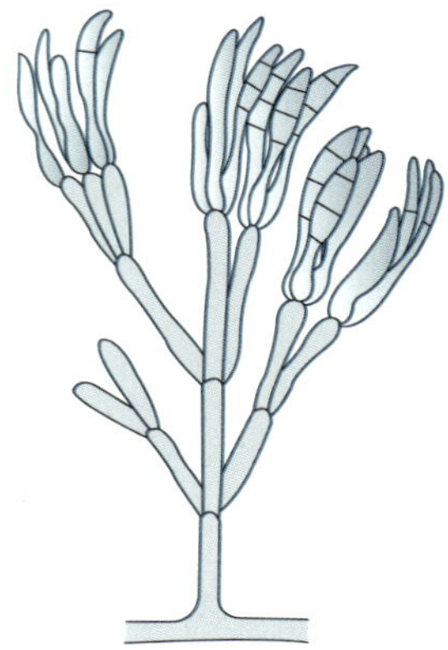

■ *Fusarium moniliforme*

벼에 생기는 키다리병의 원인균이며, gibberellin의 생산균으로 이용된다.

표 4-2 조상균류(Phycomycetes) 중 식품에 중요한 곰팡이

Subclass: 접합균류(Zygomycetes)			
목(Order)	속(Genus)	종(Species)	특 징
털곰팡이목 Mucorales	*Mucor*	*mucedo*	Glucose, maltose를 약하게 발효, 단백질 유지를 분해하여 낙농공업의 유해균
	Mucor	*racemosus*	부패한 과일에 발생, 알코올 발효력, 비타민 B_1, B_2 합성력 강함
	Mucor	*pusillus*	응유효소 생산.
	Mucor	*rouxii*	전분 당화력 강함, Amylo법에 의한 알코올 발효에 이용되었음
	Rhizopus	*nigricans*	Oxalic acid, fumaric acid 생성, 고구마 연부병 원인균, 전분 당화력 강함
	Rhizopus	*delemar*	전분당화력 강하여 당화효소 제조에 이용, Amylo법에 의한 알코올 발효에 이용되었음
	Rhizopus	*javanicus*	감자류 전분 당화력 강함, 현재 amylo법에 이용
	Rhizopus	*japonicus*	Amylo법에 이용, Pectin 분해력 강함, 맥아대용으로 사용
	Rhizopus	*tonkinensis*	Amylo법에 이용, Lactic acid, fumaric acid 생산
	Rhizopus	*oryzae*	전분 당화력 강함. Amylo법에 이용, sucrose를 발효시켜 알코올, 유기산 생산, L-lactic acid 제조에 이용
	Absidia	*lichtheimi*	소흥주 곡자에서 분리
	Thamnidium	*elegans*	냉장한 육류에 발생

표 4-3 순정균류(Mycomycetes) 중 식품에 중요한 곰팡이

Subclass: 자낭균류(Ascomycetes)			
목(Order)	속(Genus)	종(Species)	특 징
Eurotiales	*Aspergillus*	*oryzae*	황국균, 각종 효소 생산으로 소화제 제조에 사용, 전분 당화력, 단백질 분해력 강하여 양조공업에 이용
	Aspergillus	*niger*	흑국균, Oxalic acid, critic acid를 생산하여 유기산 발효 공업에 이용 Pectinase를 생산하여 과일 청징제 제조에 이용
	Aspergillus	*glaucus*	풀색 곰팡이, 내삼투압성, 훈제품에 발생
	Aspergillus	*flavus*	Aflatoxin(발암물질) 생성
	Penicillium	*chrysogenum*	Penicillin 생산에 이용
	Penicillium	*notatum*	최초의 Penicillin 생성 균주
	Penicillium	*roqueforti*	Roquefort cheese 숙성에 관여, 치즈에 향미와 녹색반점 형성
	Penicillium	*camemberti*	Camembert cheese 숙성에 관여
	Penicillium	*citrinum*	황변미 원인균. Citrinin(신장 장애 유발) 생성
	Penicillium	*islandicum*	황변미 원인균, Luteoskyrin · cyclochlorotin · islanditoxin 생성
	Penicillium	*expansum*	사과, 배의 부패 원인균
	Penicillium	*italicum*	감귤류의 부패 원인균
	Monascus	*purpureus*	홍주 제조에 사용
	Monascus	*anka*	홍국 · 홍유부 제조에 이용, pectinase를 생성하여 과즙 청징제로 이용
Sphaeriales	*Neurospora*	*sitophila*	인도네시아에서 땅콩 발효 식품 ontjom 제조에 이용

Subclass : 불완전균류(Deuteromycetes)				
목(Order)	과(Family)	속(Genus)	종(Species)	특 징
Moniliales	담색선균과 Moniliaceae	*Geotrichum*	*candidum*	백색곰팡이, 우유 · 유제품에 발생
		Cephalosporium	*gramineum*	소맥의 줄무늬마름병 원인균
		Botrytis	*cinerea*	귀부포도주 제조에 이용
	암색선균과 Dematiaceae	*Cladosporium*	*herbarum*	식품의 유해 곰팡이
		Alternaria	*tenius*	식물의 흑반병 원인균
	류상균과 Tuberculariaceae	*Fusarium*	*moniliforme*	벼의 키다리병 원인균, Gibberellin 생성균

3) 담자균류(Basidiomycetes)

담자균류는 균사에 격벽 septum이 있고, 담자포자 basidiospore인 유성포자가 담자기 basidium 위에 외생하는 것인데, 그림 4-21과 같이 담자기에 격벽이 없고 전형적인 곤봉 모양을 한 동담자균류 Homobasidiomycetes와 담자기가 부정형이고 간혹 격벽이 있거나 분지하고 있는 이담자균류 Heterobasidiomycetes의 2개 아강 subclass으로 나뉜다 표 4-1. 담자균류에는 대부분의 버섯이 포함되며, 일부는 자낭균류 Ascomycetes에 속한다.

그림 4-21 담자기의 형태

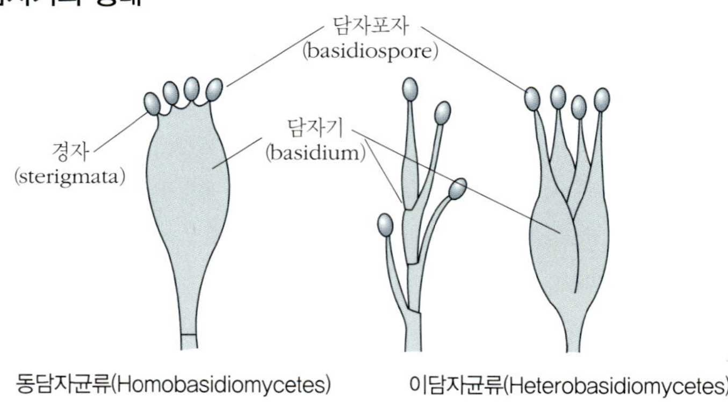

(1) 버섯의 생활사

버섯이란 진균류 중에서 대형의 자실체 fruiting body를 형성하는 것을 총칭한다. 버섯의 생활사는 그림 4-22와 같다.

담자기에 형성된 담자포자는 적당한 수분과 온도가 주어지면 발아하여 실 모양의 1차 균사 primary mycelium를 형성하는데, 이 균사는 세포 1개 속에 핵 1개를 가지는 무성세대의 균사이다. 서로 다른 2개의 1차 균사가 접합하여 세포질이 융합되나 핵은 융합되지 않으므로 1개의 세포 내에 2개의 핵이 존재하게 되며, 세포 분열 시 clamp connection을 형성하여 두 핵이 동시에 분열하는 유사분열 mitosis 과정을 거쳐 2차 균사 secondary mycelium가 된다. 2차 균사는 세포 1개 속에 핵 2개가 들어 있는 다핵균사이다. 2차 균사는 영양, 빛,

그림 4-22 버섯의 생활사

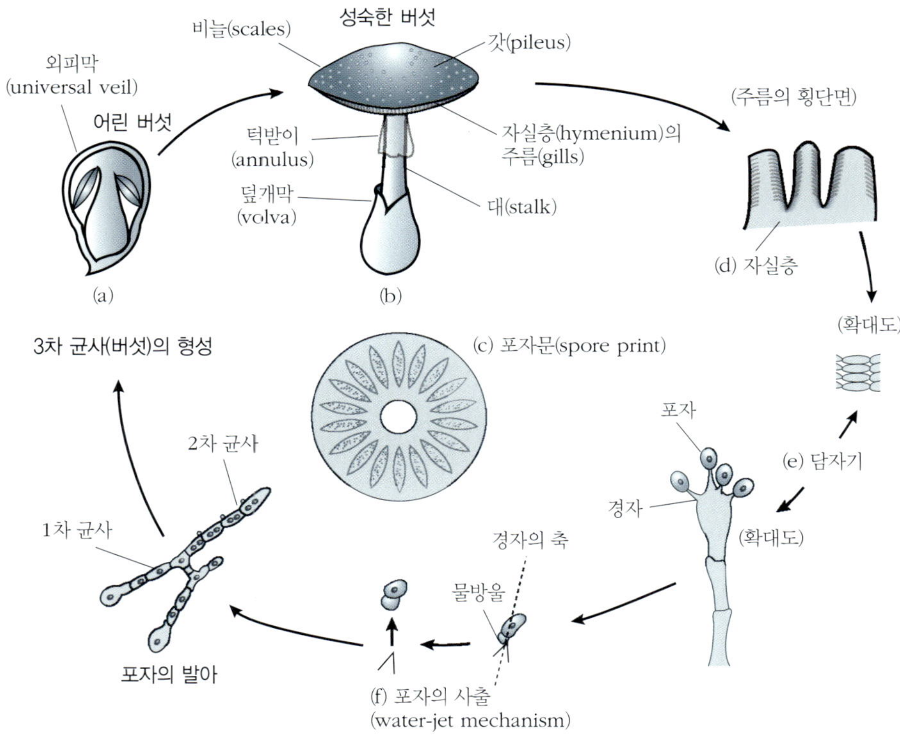

온도, 습도 등의 적당한 환경조건이 갖추어지면 성장하여 어린 버섯 volva이 되고 대 stalk가 위로 뻗어 나와 상단에 턱받이 annulus를 형성하고 그 위에 갓 pileus 모양으로 완성된다. 갓의 뒷면에는 자실층 hymenium이 생겨 담자기 basidium를 형성하고 담자기 속에서 핵이 융합하여 2핵 diploid이 되지만 감수분열 meiosis로 경자 sterigmata 4개를 형성하고 여기에 1개씩의 담자포자 basidiospore가 착생하게 되는데 이것을 주름 gills이라 한다. 이와 같이 자실체인 버섯을 만드는 기간 동안을 3차 균사 tertiary mycelium라 한다.

(2) 중요한 버섯

중요한 버섯을 살펴보면 표 4-4 와 같다.

표 4-4 중요한 버섯

Subclass: 담자균류(Basidiomycetes)			
목(Order)	속(Genus)	종(Species)	특 징
송이버섯목(Agaricales)	*Tricholoma*	*matsutake*	송이버섯
	Agaricus	*bisporus*	양송이버섯
	Pleurotus	*ostreatus*	느타리버섯
	Letinus	*edodes*	표고버섯
	Amanita	*muscaria*	광대버섯(독버섯)
	Lampteromyces	*japonicus*	화경버섯(독버섯)
	Rhodophyllus	*sinuatas*	외대버섯(독버섯)
흰목이버섯목(Tremellales)	*Tremella*	*fuciformis*	흰목이버섯
목이버섯목(Auriculariales)	*Auricularia*	*polytrica*	목이버섯

방선균

Chapter 5

1. 방선균의 형태
2. 방선균의 분류
3. 중요한 방선균
4. Bacteriophage

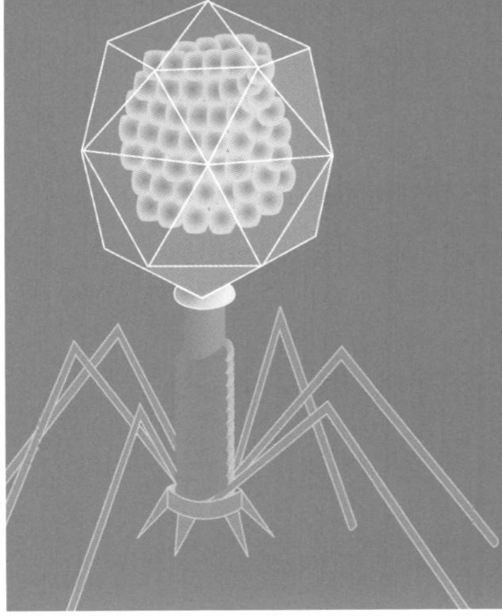

방선균 ray fungi, Actinomycetes이란 하등미생물 중에서 형태의 분화 정도가 가장 앞선 균사상의 세균으로서, 균사의 지름이 0.3~1.0μm 정도로 미세한 사상세균이며, 분류체계에 있어서의 범위와 관계없이 효모, 곰팡이 등과 같은 특정 미생물 군에게 주어진 명칭이다.

방선균은 곰팡이와 세균의 중간적인 미생물이지만 분류학상으로는 세균에 속하며, 2분열법 binary fission으로 분열한다. 외생포자를 형성하는 것과 형성하지 않는 것이 있으며, 균사가 분지되고, 균사의 구조가 미세하다.

세포의 형태는 원시핵 세포형이고, 세포벽의 화학적 성분은 그람양성 세균과 유사하다. 즉 세포벽의 기본성분으로서 muco복합성분을 함유하고 있을 뿐만 아니라 teichoic acid도 함유하고 있으며, 형태학적으로도 일반세균에 가깝다는 점 등에서 세균에 속한다.

1. 방선균의 형태

일반적으로 방선균은 배지 속으로 신장하는 일차균사 primary mycelium인 영양균사 vegetative mycelium, 즉 기중균사 submerged mycelium와 공기중으로 신장하는 이차균사 secondary mycelium인 기균사 aerial mycelium로 되어 있다.

이들 균사는 속의 특징에 따라 연쇄상이 되거나 단독으로 분생포자 conidiospore 또는 포자낭 sporangium을 형성한다.

포자형성사 sporulating hyphae의 형태는 직쇄상 straight, 나선상 spiral, 윤생상 whorls, 속상 tuft 등이 있다.

균총의 형태는 가루 또는 우단처럼 보이며, 처음에는 백색이었다가 균종에 따라 점차 갈색, 분홍색, 청색, 회색 등 각기 다른 색으로 변하므로 분류상의 특징이 된다.

그밖에 균핵 sclerotium, 분포자기 pycnidium와 유사한 구조물과 점질포자 융합체 actinosporangium 등을 형성하는 것도 있다.

그림 5-1 방선균의 형태와 포자 모양

2. 방선균의 분류

Bergey's manual 제8판(1984년)에 따르면 방선균은 분열균류 Schizomycetes 로서 제17부의 Actinomycetales 목에 속하는데, 제17부에는 방선균 이외에도 이와 유사한 세균인 Corynebacteriaceae 과와 Propionibacteriaceae 과가 있다.

Actinomycetales 목은 8개의 과로 분류하는데, 즉 영양균사가 오래되면 단열하여 간상 또는 구상으로 되는 Actinomycetaceae 과, 결핵균 과, Frankiaceae 과, 그리고 균사체를 형성하고 포자가 포자낭 밑에 생기는 Actinoplanaceae 과, 영양균사가 오래되면 0.3~0.9μm 정도로 단열하여 sarcina형의 3상이 되는 Dermatophilaceae 과, Actinomycetaceae 과와 비슷하나 호기성이며 편모가 있는 Nocardiaceae 과, 항생물질을 생성하는 균종이 많고 영양균사가 단열하지 않으며 사상균과 비슷한 분생자를 연쇄상으로 착생하는 Streptomycetaceae 과, Streptomycetaceae 과와 비슷하나 분생자를 한 개씩 착생하는 Micromonosporaceae 과 등이다.

3. 중요한 방선균

1) *Streptomyces* 속

500균 종 이상의 많은 균종이 속해 있는 속으로 다른 방선균과 같이 길게 분기된 균사로 생육하지만 기균사를 만들어 성숙되면 잘려서 분생자 condida로 불리는 연쇄상의 포자를 착생하는 것이 특징이다.

그 형태는 직선상, 굴곡상, 다발상, 나선상, 윤생상 등 다양하고, 포자는 구형과 난형 또는 원통형을 나타내며, 그 표면은 평활하거나, 돌기 또는 가시 모양의 것 등이 있다. 이와 같은 표면의 성상이 분류하는 데 있어 중요한 요소가 된다.

방선균은 예전에는 병원균이나 토양미생물로 취급되어 왔으나, 1944년 Waksman에 의해서 streptomycin이 발견된 이래 500종류 이상의 항생물질이 방선균, 특히 *Streptomyces* 속에 의해서 생산된다는 것이 밝혀져 항생물질 등의 생산에 있어 중요한 미생물이 되고 있다.

*Streptomyces griseus*는 streptomycin 생산균주일 뿐만 아니라 강력한 protease를 생산하고, *Streptomyces olivaceus* 등은 비타민 B_{12}를 생산한다. 또 *Streptomyces auresus*는 5'-phosphoesterase와 같은 핵산분해효소 생산균으로 알려져 있다.

2) *Actinomyces* 속

편성혐기성 또는 미호기성의 그람양성균으로 분기되는 균사로 생육하며, 엉킨 상태의 균사체는 쉽게 끊어져서 간상 및 구상으로 되고 포자를 형성하지 않는다. *Actinomyces bovis* 및 *Actinomyces israelii*는 각각 소 및 사람의 방선균병 actinomycosis의 원인이 된다.

3) *Norcardia* 속

호기성이며 토양 중에 광범위하게 분포한다. 병원균인 *Norcardia asteroides* 및 *Norcadia brasiliensis*가 있다.

방선균 중에서 항생물질을 생산하는 균주와 그들이 만들어 내는 항생물질의 종류를 살펴보면 표 5-1과 같다.

그림 5-2 *Actinomyces* 속

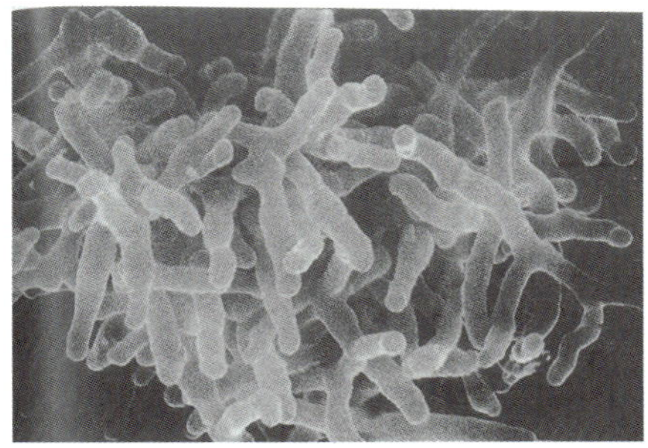

표 5-1 항생물질을 생산하는 방선균

균 주	항생물질(Antibiotics)
Streptomyces griseus	Streptomycin, Cycloheximide, Candicidin
Streptomyces aurefaciens	Aureomycin, Chlorotetramycin, Tetracycline
Streptomyces venezuelae	Chloramphenicol
Streptomyces rimosus	Tetamycin, Oxytetracycline
Streptomyces kanamyceticus	Kanamycin
Streptomyces hachijoensis	Trichomycin
Streptomyces kasugensis	Kasugamycin
Streptomyces antibioticus	Actinomycin
Streptomyces erythreus	Erythromycin
Streptomyces fradiae	Neomycin
Streptomyces nodosus	Amphotericin B
Streptomyces noursei	Nystatin
Micromonospora echinospora	Gentamicin
Micromonospora purpurea	Gentamicin

그림 5-3 방선균 속의 형태

4. Bacteriophage

1) Virus와 Phage

바이러스의 존재는 1892년 D.J. Iwanowsky가 담배모자이크병 TMV: Tabacco mosaic virus에 걸린 담뱃잎의 추출액이 세균이 통과할 수 없는 필터로 여과한 후에도 여전히 감염력을 유지하고 있다는 사실을 발견한 후부터 알게 되었다.

바이러스란 동물의 세포나 세균세포에 기생, 증식하며, 광학현미경으로는 볼 수 없는 직경 0.5μm 정도의 대단히 작은 초여과성 미생물이다.

바이러스는 크기가 작기도 하지만 일반 미생물과는 전혀 다른 구조로 이루어져 있으며, DNA와 RNA 중 어느 한쪽의 핵산과 그것을 보호하는 단백질을 갖고 있다. 따라서 독자적인 대사기능을 거의 갖지 못하고 반드시 살아있는 세포 내에서만 증식하므로 생물과 무생물의 중간적인 존재라 할 수 있다. 그러나 바이러스는 자기증식성, 병원성유전성으로 볼 때 생물임에는 틀림없다.

바이러스는 동물, 식물, 미생물의 세포에 널리 기생하며, 그중에서 세균에 기생하는 바이러스를 특히 bacteriophage 또는 phage라 부른다. Phage의 크기는 세균의 약 1/10 정도이고 용적은 1/1000 정도이다. Phage에는 독성파지 virulent phage와 용원파지 temperate phage의 두 가지 종류가 있다.

Phage의 감염범위는 감염원이 되는 세균과 똑같은 균주이거나 이와 유사한 균주에만 감염하며, 각각 고유의 숙주를 가지는 숙주 host 특이성이 있다.

이러한 phage는 그 존재가 확인된 이후에도 상당기간 동안 초기의 발견이 병원성 세균에서 발견된 이유로 병원성 질환의 치료적 측면에서만 연구되어 왔다. 하지만 근래에는 자기복제에 필요한 정보를 가진 가장 작고 단순한 생물체로서 유전연구에 널리 이용되고 있다.

세균을 이용한 식품과 의약품이 공장 규모로 생산됨에 따라 phage에 의한 발효성 세균의 오염 contamination이 문제시되고 있다. 하지만 이 또한 여러 측면에서 예방책을 연구하고 있다.

2) Phage의 구조

Phage는 크기가 매우 작아서 보통 광학현미경으로는 관찰이 불가능하였다. 그러나 근래에는 전자현미경의 발달로 phage의 미세한 구조까지 밝혀지게 되었다. Phage의 형태는 구상(정 20면체), 올챙이형, 막대기형(섬유상) 등이 있고, 크기는 긴 phage를 제외하면 보통 20~30nm이다.

Phage 중에서 구조가 가장 잘 연구되어 알려진 것은 대장균을 숙주로 하는 전형적인 phage인 T계열 phage, T_2, T_4, T_6으로서 기본구조는 그림 5-4와 같다.

전체적인 형태는 마치 올챙이처럼 생겼으며 두부 head, 미부 tail, 여섯 개의 spike가 달린 기부 base가 있고 말단에는 짧은 미부섬조 tail fiber가 달려 있다.

Phage의 두부에는 유전정보원이 되는 DNA(분자량: 약 10^8) 또는 RNA만 들어 있고 그밖의 성분은 거의 없다. 이와는 반대로 미부의 초 sheath에는 단백질이 나선형으로 늘어서 있고 그 내부의 중심 초는 속이 비어 있다.

그림 5-4 Bacteriophage(T_2, T_4, T_6)의 대표적인 형태

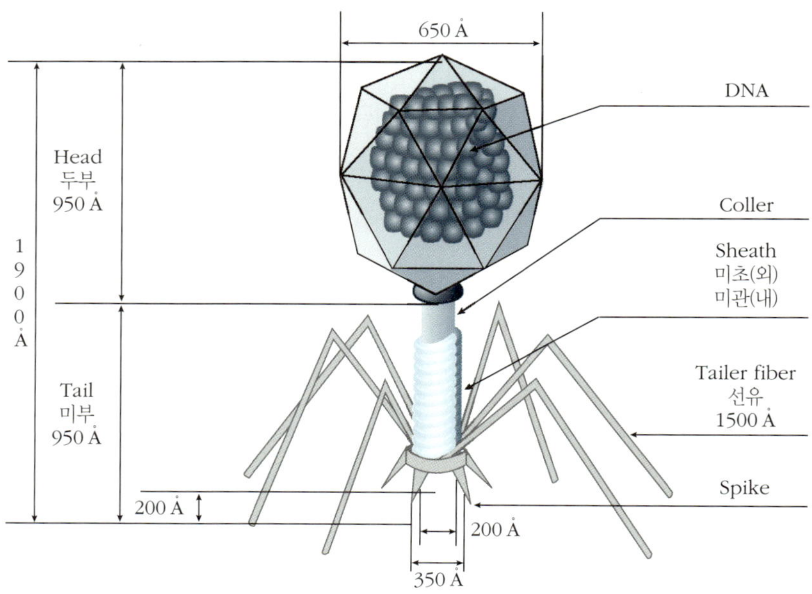

선단의 갈고리 모양을 한 spike는 phage가 숙주세균에 기생할 때 세균의 표면에 고정할 수 있게 하는 장치이다. 미부섬조도 숙주 표면에 부착할 때 사용되는 장치로 알려져 있다.

Phage는 숙주세균에 닿음과 동시에 수축성 단백질로 되어 있는 미부의 초가 수축하여 내측의 관을 숙주세균의 세포 속으로 주사바늘 꽂듯이 깊이 삽입한다. 이때 효소를 분비하여 숙주세균의 세포벽에 작은 구멍을 뚫어 두부 속에 들어 있는 DNA를 숙주세균의 세포 속으로 주입시켜 새로운 phage로 증식하게 된다.

Phage 자체는 단백질이므로 열에 약하여 60~70℃에서 30분 정도 가열처리하면 일반 단백질의 변성과 마찬가지로 변성하여 활성을 잃게 된다. 그러나 약품에 대한 저항력은 일반세균보다 훨씬 강하여 약품에 의한 살균은 효과가 없다.

3) Phage의 생활사

Phage의 일반적인 생활사 life cycle는 그림 5-5와 같다. 보통 바이러스인 free phage가 감수성 세균 A에 부착하여 DNA를 주입하고 나면 단백질로 되어 있는 phage의 껍질은 세균의 표면에 남게 된다.

독성 phage에서는 균체에 주입된 phage DNA가 증식형 phage가 되어 재빨리 phage의 m-RNA를 합성하고 감수성균이 원래 가지고 있는 대사계를 이용하여 phage DNA와 단백질을 합성한다.

생육후기에 이들 DNA와 단백질이 각각 특이적으로 집합하여 원래의 phage와 동일한 phage를 형성하고, 이어서 이들 성숙한 phage는 또 다른 세균세포에 기생하는 생활환을 반복하게 된다.

이와는 달리 약독 phage인 용원 phage의 생활사는 세균세포 속으로 들어간 phage DNA가 세균세포 속에 새로운 DNA나 단백질을 합성하지 않고 숙주세균세포의 염색체에 부착하여 염색체의 일부가 되며 세균의 증식에 따라 분열한 세균세포로 유전된다. 이러한 phage를 prophage라 하며 prophage

그림 5-5 Bacteriophage의 Life cycle

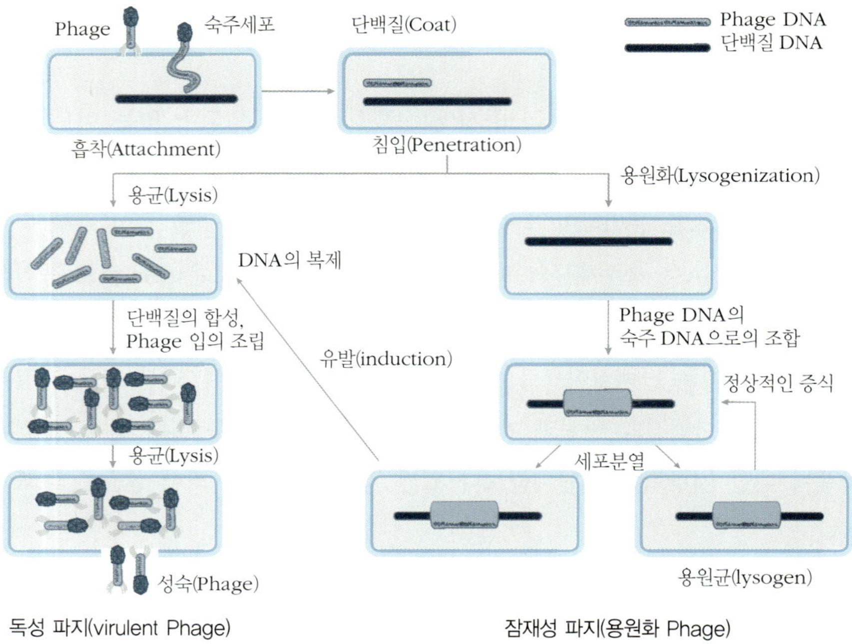

그림 5-6 Virions attached to *E. coli*

를 갖고 있는 균을 용원균 lysogenic strain 이라 한다.

용원균은 보통 상태에서는 일반세균과 마찬가지로 분열, 증식을 계속하나 자외선의 조사나 화학물질에 의한 인공유발을 일으키면 세균과 phage 간에 평형관계가 깨져 prophage는 독성 phage가 되어 용균감염 생활사로 들어가게 된다.

용원균에 있어서는 10^5번에 한 번 정도의 낮은 빈도로 prophage DNA와 숙주세균세포 염색체의 DNA 간에 유전적 변이가 일어나 prophage의 유전형질이 숙주세균에 도입되는 수가 있다. 이러한 현상을 형질도입 transduction이라 하며 세균의 유전에 있어서 대단히 중요한 현상이다.

4) Phage의 종류

Phage를 분류하는 기준은 아직까지 확립되어 있지 않으며, 현재 T계 phage 이외에 많은 종류의 phage가 알려져 있다. 주요한 phage의 종류와 성질을 보면 표 5-2 와 같다.

표 5-2 Phage의 종류 및 성질

Phage	Hosts	성질	핵산의 종류	파지 입자의 크기 (×10⁻⁶ danton)	핵산의 크기 (×10⁻⁶ danton)
T−even	*Escherichia coli*	Virulent	DNA	130	215
T_5	*Escherichia coli*	Virulent	DNA	70	−
T_7	*Escherichia coli*	Virulent	DNA	26	50
Φ×174	*Escherichia coli*	Virulent	DNA	1.7	6.2
Fd	*Escherichia coli*	Virulent	DNA	1.3	11.3
λ	*Escherichia coli*	Temperate	DNA	32	57
Plkc	*Escherichia coli*	Temperate	DNA	58	−
R_{17}	*Escherichia coli*	Virulent	RNA	1.1	3.6
MS_2	*Escherichia coli*	Virulent	RNA	1.1	4.0
P_{22}	*Salmonella typhimurium*	Temperate	DNA	26	−
SP_8	*Bacillus subtilis*	Virulent	DNA	69	−

5) Phage의 대책

미생물을 이용하는 발효공업에 있어서 phage는 아세톤, 부탄올, 치즈, 요구르트, glutamic acid, amylase, 납두, 항생물질, 핵산관련물질 등의 발효생산에 이용하는 세균 및 방선균에 자주 발생한다.

Phage의 오염을 막는 대책으로는 내성균과 약제에 의한 방지법은 발효공업에선 거의 효과가 없으므로 무엇보다도 공장 주변이나 공장 내부, 그리고 사용설비 및 기구 등의 청결, 살균조작을 철저히 하는 것이 중요하다. 공업적으로 phage의 오염에 적극적으로 대처하는 방법으로는 phage에 대해서 감수성이 다른 생산균주를 여러 종류 준비하여 2종류 이상으로 한 계열을 만들고 2~3

일마다 이 계열을 바꾸어 사용하는 rotation system을 사용하는 것이 가장 효과적이다.

실제로 cheese의 starter 등에는 이 방법이 이용되는데, 이것은 phage의 숙주특이성을 이용하여 phage가 기생하기 시작할 때에 숙주세균을 바꾸어 phage가 증식할 기회를 주지 않는 방법이다. 이 방법 외에 저농도 chloramphenicol이나 streptomycin 등 항생물질에 잘 견디고, 정상적으로 발효를 행하는 내성균주를 이용하기도 한다.

세포의 구조와 기능

Chapter 6

1. 원핵세포(prokaryotic cell)
2. 진핵세포(Eukaryotic cell)

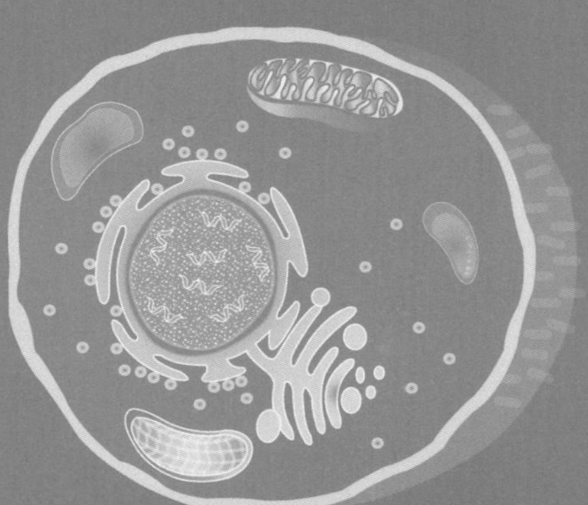

1950년경 전자현미경의 발달과 사용에 의하여 세포의 미세구조가 밝혀지게 되었다. 이로 인해 생물계에 다른 두 유형의 세포가 존재함을 발견하게 되었으며, 세포 내 구조물인 핵막 nuclear envelope의 존재에 따라 원핵세포 prokaryotic cell와 진핵세포 eukaryotic cell로 분류하게 되었다.

진핵세포는 식물, 동물, 원생생물(조류, 균류, 원생동물)의 구조상의 단위이며, 원핵세포는 보다 간단한 구조로 이루어져 있으며, 진정세균 bacteria과 원시세균 archaea의 구조상의 단위가 된다.

1. 원핵세포(prokaryotic cell)

원핵세포는 핵막으로 구획된 핵이 없으며, 대신 핵양체 nucleoid로 불리는 유전물질을 함유한 섬유상의 구조물이 존재한다 그림 6-1.

원핵세포는 다당류, 펩타이드 및 지질로 구성된 세포벽 cell wall을 가지고 있으며, 세포의 기계적인 보호 장치로서, 특히 세포를 삼투압의 변화에 견딜 수 있게 한다. 세포벽 안쪽에 위치한 세포막 cytoplasmic membrane은 세포의 외부 경계막이다. 세포질 내에는 진핵세포와 같이 핵막이나 미토콘드리아 등의 막성기관 membrane-enclosed organelles을 만들지 않는다. 리보솜과 핵막이 없는 핵 및 봉입체 inclusion body는 세포질에 흩어져 있는 형상을 취한다. 이외에 편모 flagellum, 섬모 pilis, 협막 capsule, 가스공포 gas vacuole, 포자 spore 등이 있다.

그림 6-1 원핵세포의 구조 모형도

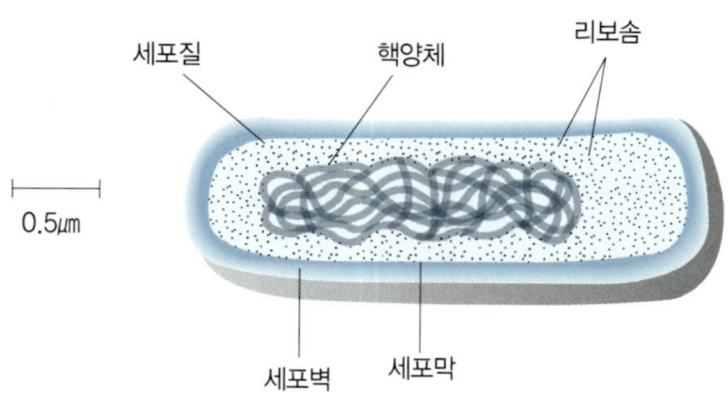

1) 세포막(cytoplasmic membrane)

세포막은 세포를 둘러싸고 있는 얇은 막으로 세균의 세포막이 전체 세포단백질의 10~20%를 차지한다. 세포막의 두께는 약 8nm로 세포의 내부를 외부와 분리시키는 구조적 기능을 하며, 세포막의 주요지질인 인지질의 이중층으로 구성되어 있다. 세포막은 물질의 선택적 장벽으로 특정 대사산물을 흡수하고 노폐물은 방출하는 중요한 기능을 수행하는 기관이다.

(1) 세포막의 구성성분

가장 보편적인 세포막 모델은 Singer와 Nicolsin에 의해 제안된 유동 모자이크 모델로 세포막은 비대칭형의 인지질 이중층 구조이며, 여기에 두 종류의 단백질이 존재한다는 것이다. 그 하나는 내재성 단백질 integral protein로 전체 막 단백질의 70~80%를 차지하고 있으며 세포막 지질과 비극성 결합을 하므로 이중층 내에 깊숙이 박혀 막 전체에 분포하거나 세포 안쪽과 바깥쪽으로 돌출된 경우도 있다. 또 하나는 전체 단백질의 20~30%를 차지하는 표재성 단백질 peripheral protein로 막의 안쪽과 바깥쪽에 분포하며 친수성 분자로 극성인 막 표면과 비공유 결합을 하고 있다 그림 6-2.

그림 6-2 세포막의 구조

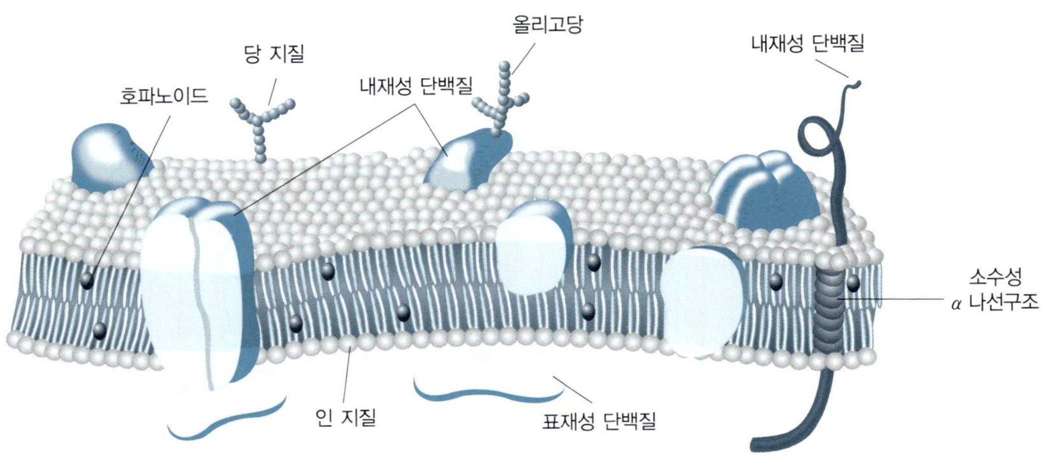

그림 6-3 **스테롤과 호파노이드**

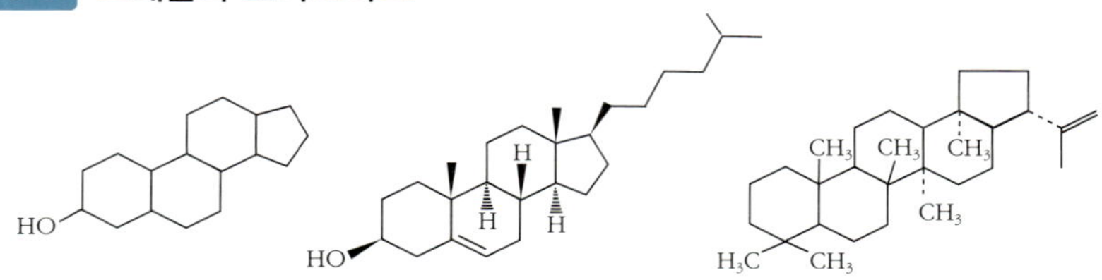

sterol　Cholesterol　Hopanoid dlplopteno

원핵세포와 진핵세포의 막 구성분의 큰 차이점 중의 하나는 진핵세포의 막 구조 안정화에 관여하는 sterol 성분이 원핵세포에는 없다는 것이다. 다만 진핵세포의 sterol 성분과 유사한 기능을 하는 호파노이드 hopanoid가 원핵세포의 세포막에 존재한다 그림 6-3.

(2) 세포막의 기능

세포막은 세포의 내부와 외부를 분리하는 장벽으로서의 물리적 기능 외에 세포의 중요한 기능을 담당하고 있다. 즉 선택적인 투과막으로서 세포질 성분의 누출방지와 중요 성분을 흡수하는 기능을 갖고 있다. 또한 세균의 세포막은 대사활성의 중요한 중심부이며, 세포막에 존재하는 여러 종류의 단백질은 촉매 기능을 갖는다. 즉 유기물과 무기영양분을 운반하는 투과효소 permease로, 세포벽 구성성분을 합성하는 장소이며, 이외 호흡, 광합성, 에너지 합성 등의 구성성분들도 세포막에 위치한다.

2) 세포벽(Cell wall)

미생물세포는 단단한 세포벽 cell wall으로 싸여 있으며, 세포의 형태를 부여하는 구조적인 기능을 갖는다. 세균세포는 일반적으로 고농도의 유기물을 함유하고 있어 세포 내외부 간의 용액 농도가 심한 격차를 보이며, 이로 인한 팽압은 대략 2기압에 달한다. 따라서 이러한 압력에 견디고 세포를 보호하기 위해서는 단단한 구조물이 필요하며, 이것이 바로 세포벽이다.

그림 6-4 그람양성균과 그람음성균의 세포벽

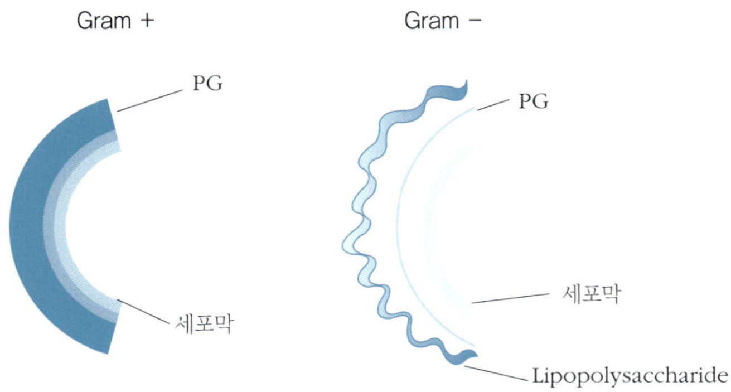

세균은 세포벽의 구조적인 차이에 따라 그람양성균 Gram positive bacteria과 그람음성균 gram negative bacteria으로 구별된다. 그람음성균의 세포벽은 복잡한 다층구조와 얇은 펩티도글리칸 peptidoglycan(PG 또는 murein)과 그 밖을 싸고 있는 외막 outer membrane(OM) 단백질과 lipopolysaccharide(PS) 층으로 되어 있다. 반면 그람양성균의 세포벽은 단순 형태의 분자와 두꺼운 펩티도글리칸을 포함한 세포벽을 갖고 있어서 그람음성균에 비해 사람의 피부같이 건조한 조건에서도 생육할 수 있는 특성이 있다 그림 6-4.

(1) 펩티도글리칸(peptidoglycan)

대부분의 미생물의 세포벽은 뮤레인 murein 또는 뮤코펩타이드 mucopeptide라고 불리는 펩티도글리칸 peptidoglycan을 가지고 있으며, 삼투압으로부터 세포를 보호하는 기능을 갖는다. 펩티도글리칸은 펩타이드 결합에 의해 연결된 아미노산으로 구성된 펩타이드 부분 peptide portion과 펩티도글리칸의 골격에 해당하는 당 부분 glycan(sugar) portion으로 되어 있다. 당 부분은 β-1,4 glycoside 결합에 의해 아미노당 amiro sugar인 *N*-acetylglucosamine과 *N*-acetylmuramic acid가 반복되는 단위로 구성되어 있고 *N*-acetylmuramic acid는 4개의 아미노산 tetrapeptides으로 구성된 단쇄 펩타이드이다.

펩타이드 부분을 구성하는 아미노산 중에는 D-form의 아미노산과

표 6-1 그람양성균과 그람음성균의 펩티도글리칸 성분의 차이점

항 목	그람양성균의 세포벽	그람음성균의 세포벽
펩티도글리칸	두꺼운 층(세포벽의 90%, 40nm)	얇은 층(세포벽의 10%, 2nm)
펩티도글리칸 tetrapeptide	대부분 Lysine을 포함	대부분 Diaminopimelic acid 포함
펩티도글리칸 교차결합	일반적으로 glycine으로 구성된 pentapeptide 결합	다른 측쇄의 D-alanine 말단과 diaminopimelic acid가 직접 결합

diaminopimelic acid DAP같이 단백질에는 없는 것들도 있다. Tetrapeptide는 L-alanine, D-glutamic acid, L-lysine, diaminopimelic acid, D-alanine을 포함한다. 이 tetrapeptide는 한쪽의 아미노산과 다른 쪽의 아미노산 간의 펩타이드 결합에 의해 서로 가교결합되어 있는 형태이며, 그람양성균과 그람음성균에 따라 아미노산의 조성에 차이를 보인다 표 6-1 그림 6-5.

그림 6-5 그람음성균과 그람양성균의 펩티도글리칸 구조

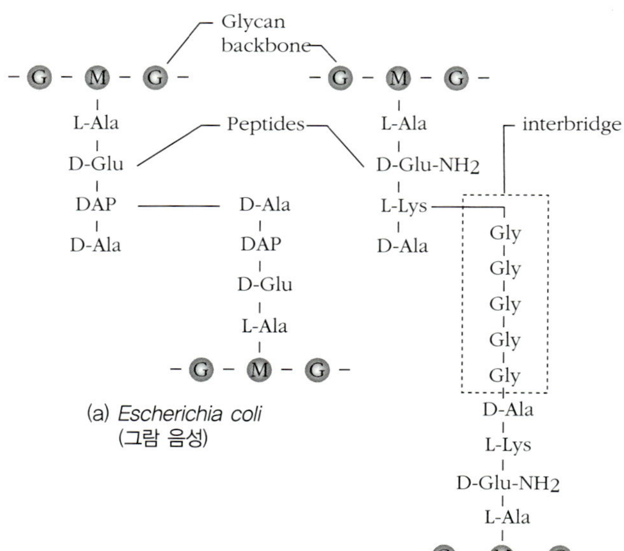

(a) *Escherichia coli* (그람 음성)

(b) *Staphylococcus aureus* (그람 양성)

(2) 그람양성균의 세포벽

그람양성세균세포벽의 90%는 펩티도글리칸으로 구성되어 있으며, 이외에 일반적으로 세포벽에 결합되어 있는 산성 다당류인 Teichoic acid가 존재한다. Teichoic acid에는 모든 세포벽, 막 또는 캡슐에 존재하는 글리세로인산 glycerophosphate 또는 리비톨 인산 ribitol phosphate 잔기가 결합되어 있다. 이러한 알코올 중합체 polyalcohol는 알코올과 인산 간의 인산화합물 phosphodiester 결합에 의해 중합되며, 대부분의 경우 다른 단당류나 D-알라닌 D-alanine 등이

그림 6-6 Teichoic acid 및 그람양성세균의 세포벽 구조

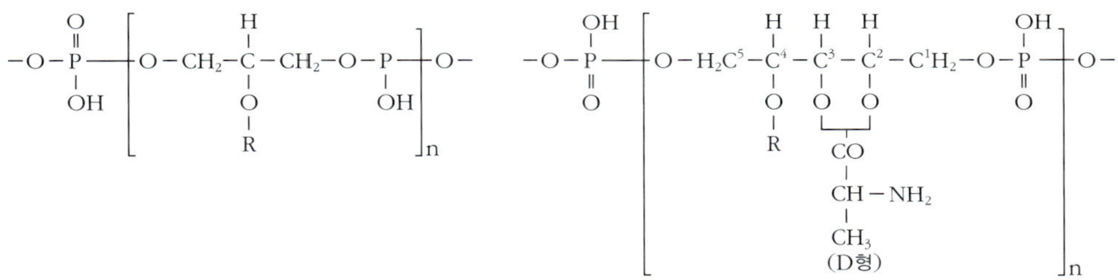

Glycerol-techoic acid
R=H, D-Ala, Glycosyl

Ribitol-teichoic acid
R=H, Glycosyl

Teichoic acid 화학구조

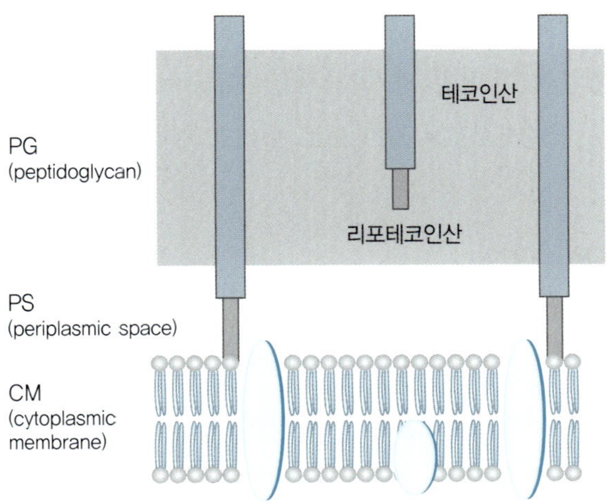

그람양성세균의 세포벽 구조

결합한 상태로 나타난다. Teichoic acid는 음전하를 띠어 세포 외부가 음전하를 나타내게 하는데, 이로 인해 Ca^{2+}이나 Mg^{2+}이온들과 결합할 수 있으며, 일부 바이러스에 의한 감염 시 수용체로 작용하기도 한다. Teichoic acid를 구성하는 글리세롤을 함유하는 산성 부분은 세포막 지질과 결합하고 있는데 이렇게 결합된 분자들을 lipoteichoic acid라고 한다 그림 6-6.

Teichoic acid의 기능은 잘 알려져 있지 않으나 세포벽에 음전하를 띠게 하여 이온류의 통과에 영향을 미치고 있으며, 세포벽 분화 시 세포벽 용해요소 autolysin의 저해에 관여하는 것으로 알려져 있다.

(3) 그람음성균의 세포벽

그람음성균의 세포벽은 그람양성균의 세포벽에 비해 훨씬 복잡하며, 상대적으로 얇은 펩티도글리칸 층(2nm, 세포벽의 10% 내외)으로 구성되어 있다. 그람음성균의 세포벽에서는 teichoic acid가 발견되지 않는 반면 지단백질 lipoprotein이 펩티도글리칸층과 결합되어 그람음성균 세포벽의 구성성분으로 형성되어 있다. 또한 펩티도글리칸층의 바깥쪽에는 당지질 lipopolysaccharide로 형성된 외막도 있다. 이 막은 이중 지질막으로 세포막과 같이 인지질로 구성된 것이 아니라 다당류와 단백질을 함유하고 있다. 지질과 다당류가 특이적인 당지질의 구조를 형성하기 위해서 바깥쪽 막의 외부 층과 직접적으로 결합되어 있다. 즉 당지질의 존재 때문에 이 외부 층을 당지질막 lipopolysaccharides layer 또는 간단히 LPS라고 하며 일반적으로는 외막으로 불리고 있다.

① 외막(outer membrane)

많은 그람음성균의 외막의 안쪽 표면은 지단백질이 펩티도글리칸의 바깥쪽과 연결되어 있는데 지단백질 분자는 지방산을 함유하고 있으며 외막의 소수성 부분과 연결되어 있다 그림 6-7. Lipoprotein 분자의 단백질 부분(약 35%)은 펩티도글리칸 층의 글리칸 골격구조에 연결되어 있으며, 외막의 안정성에 관여하는 것으로 알려져 있다.

그림 6-7 그림 6-7 그람음성균 세포벽 구조

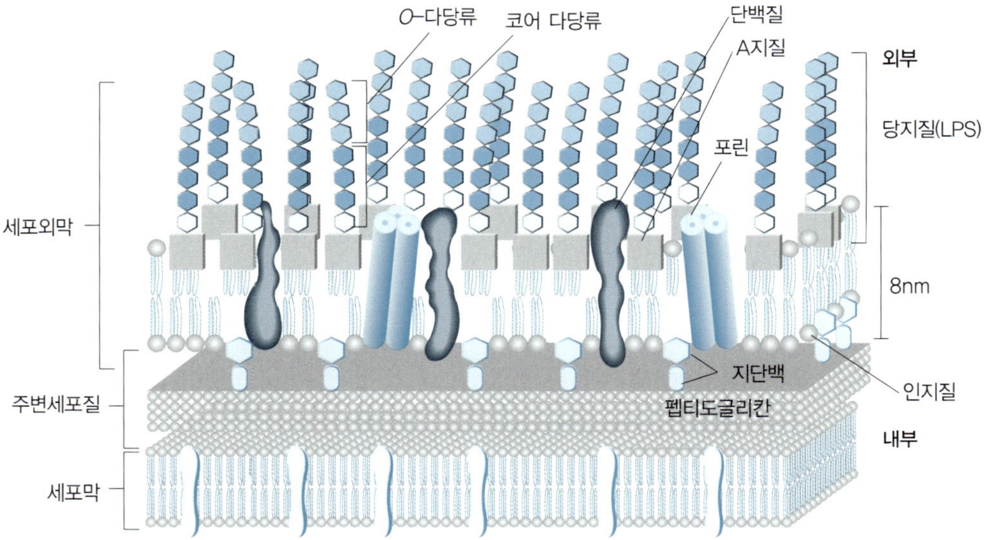

외막의 LPS 층은 세포막에서는 발견되지 않으며 서로 구별되는 3부분으로 나누어진다. 가장 안쪽은 lipid A라고 불리는 지질 부분이다. Lipid A는 *N*-acetylglucosamine disaccharide로 구성되어 있고 β-hydroxymyristic acid, caproic acid, lauric acid 같은 지방산이 결합되어 있다. Lipid A 부분은 세균감염의 증상(발열, 쇼크 등)을 일으키는 내독소 endotoxin의 역할을 하며 bacteriophage 흡착 시 수용체 역할을 하기도 한다. Lipid A 바깥쪽의 다당류 부분은 core polysaccharide와 *O*-polysaccharide가 연결되는 구조를 갖추고 있다. Core polysaccharides는 대부분의 그람음성균의 구성성분으로 glucose, galactose, *N*-acetylglucosamine, 2-keto-3- deoxyoctonic acid 및 7탄당 heptoses으로 구성되어 있다. *O*-polysaccharides는 glucose, galactose, rhamnose, mannose와 일부 deoxy sugars abequose, colitose, paratose, tyvelose로 구성되며 보통 3~5개의 당이 반복되는 구조로 되어 있다.

외막은 물질을 잘 통과시키는데 이는 포린 porin이라고 불리는 외막단백질이 3~4개 회합되면서 분자량이 작은(500~10,000) 분자들이 통과할 수 있도록 채널을 형성하기 때문이다.

세포 외막의 포린 단백질 채널을 통해 친수성 작은 분자들의 막 투과가 비교적 용이하나 효소를 비롯한 대부분의 고분자 화합물의 세포 외막 투과는 불가능하다. 세포 외막의 기능적 측면에서 가장 중요한 기능은 세포 내에서 만들어진 효소들이 세포막 밖으로 분산되는 것을 막는 것이다. 따라서 세포막과 세포외막 사이에는 매우 많은 효소가 활동하고 있는 주변세포질이 존재하게 된다.

② 주변세포질(periplasm)

세포 외막에는 세균세포에서 만들어진 많은 고분자 유기화합물(효소 등)이 분포되어 있는 주변세포질 periplsm이 있으며 보통 12~15nm의 두께이다. Periplasm에는 3종류의 단백질이 있는데 가수분해효소 hydrolytic enzymes는 외부에서 유입된 고분자 먹이들을 잘게 분해하는 역할을 하고 결합단백질 binding proteins은 세포막과 세포 외막을 통과하는 기질들의 수송을 담당한다. 또한 화학수송체 chemoreceptor들은 세포의 주화성 chemotaxis 반응에 관여한다. 이 공간 내에는 세포의 견고성을 유지시키는 펩티도글리칸이 존재하고 있다 그림 6-7.

3) 협막과 점질층(Capsule & Slime layer)

세균세포벽을 둘러싸고 있는 다양한 외부 구조물들은 세포를 보호하는 기능을 포함하여 다양한 기능을 갖고 있다. 일반적으로 다당류와 단백질로 구성된 조직으로 협막 capsule과 점질층 slime layer이라고 하는 구조물을 가지고 있다. 세균에 따라 이들 층을 구성하는 물질이 다르고 두께, 견고성에 차이를 보이는데 성분들이 치밀하게 세포 전체를 싸고 있는 경우 협막이라 하고, 경계가 선명하지 않는 점성막을 점질층 slime layer이라고 한다. 대부분 다당류로 되어 있으나 *Bacillus* 속의 어떤 종은 glutamic acid(D-form)로 구성되는 것도 있다.

협막의 중요한 기능은 세균세포를 숙주세포의 대식세포(백혈구 등)에 대한 저항성을 갖게 하는 것이다. 협막의 효과적인 방어작용 때문에 병원성과 비병원성 세균의 차이는 협막의 유무에 의해 나타난다. 예를 들어 협막이 없는 폐렴 구균은 포유류에 감염되면 쉽게 제거되는 반면 협막이 있는 세균은 강한 병원성을 가져 숙주의 면역 작용에 의해 파괴되지 않아 폐렴을 일으킨다. 협막의 다당류층이 상당량의 물과 결합되어 있어 건조 조건에 잘 견딜 수 있게 하며 숙주 세포에 잘 부착할 수 있는 기능을 부여한다.

4) 세포내 기관

(1) 리보솜(Ribosome)

모든 세포 내부의 단백질 합성은 리보솜에서 일어난다. 세균세포에서 기능적 리보솜은 두 개의 기본 단위로 되어 있으며, 이 두 기본단위 subunit가 결합될 때 단백질의 합성이 일어나며 리보솜의 형태는 Mg^{2+}이온의 존재와 기본단위 결합되어 있는 화학적 에너지에 의해 결정된다. 세포 내부에는 10,000개 이상의 리보솜이 있으며 그 수는 세포의 성장률에 따라 달라진다. 단백질이 합성되고 있는 동안 DNA에 저장된 유전 정보는 mRNA로 이동되며 mRNA는 이 정보를 세포질에 있는 리보솜에 전달하여 단백질이 합성된다.

리보솜은 60%의 rRNA ribosomal ribonucleic acid와 40%의 단백질로 구성되어 있다. 리보솜의 크기는 S(Svedburg)-value로 결정되는데 이는 초고속 원심분리기를 이용하여 원심분리시키면 나타나는 침강계수에 의해 특징지어진다. 즉 빠르게 침강되는 것이 밀도가 큰 것으로 S-value가 커지게 된다. 세균의 리보솜은 70S로 30S와 50S subunits로 구성되어 있다.

리보솜에 의한 단백질 합성은 세포의 생명유지에 필요한 대사과정이나 이는 세포의 사멸과도 관계가 있다. 많은 항생제(streptomycine, chloramphenicol, kanamycin 등)는 세균 감염 치료에 사용하게 되는데, 이는 항생제가 세균 70S 리보솜의 기능을 상실하게 하거나 형태를 변경시켜 세균세포의 단백질 합성을 파괴하는 것이다.

(2) 핵양체(Nucleoid)

세균의 대부분의 유전정보는 단일 환상의 세균성 염색체 chromosome 내부에 포함되어 있다. 세균성 염색체는 전형적으로 환상의 DNA 거대분자이며 4.7×10^6 핵산염기(*E.coli*의 염색체)의 크기이다. 세균성 염색체는 핵막이 없는 핵역 nucleoid region에 섬유상으로 얽혀 있는 형태를 보인다. 각 염색체는 1개의 매우 긴 DNA 사슬로 구성되는데 그 전체 길이는 1mm에 이르며 이는 세포 길이의 1,000배에 달하는 길이이다.

진핵세포의 DNA는 히스톤 histone이라는 단백질들과 결합하는 구조를 갖는 반면, 원핵세포의 염색체에는 히스톤 단백질이 없어 진핵세포와 구조적으로 차이가 난다. 원핵세포의 염색체에는 일부 히스톤과 유사한 단백질들이 DNA와 결합하고 있으며, 이들 단백질은 염색체의 구조를 형성하고 유지하는 기능이 있는 것으로 알려져 있다.

세균세포에는 세균성 염색체 이외에 하나 또는 그 이상의 작은 환상 DNA 분자들이 있는데 이를 플라스미드 plasmid라고 한다. 플라스미드는 염색체 크기의 1~5% 정도이며, 세균과 세균 사이에서 유전정보를 전달하는 중요한 역할을 담당하고 있다. 플라스미드는 염색체에 들어 있는 유전정보의 보충제로서 항생제 저항성, toxin의 생산, 유독물에 대한 저항성 등의 제한된 양의 특정 유전정보를 갖고 있다.

플라스미드는 자기복제성이 있으며, 상대적으로 염색체에 비해 크기가 작고, 분리하여 다른 개체의 유전정보를 삽입하여 생세포에서 발현시킬 수 있다. 이러한 특성으로 유전자조작 gene manipulation이나 유전공학 genetic engineering에 활용되고 있다.

(3) 편모(Flagella)와 섬모(Pili, fimbriae)

많은 미생물이 운동성을 갖는데 이러한 운동성은 세포의 특이적 구조인 편모 flagella에 의해 기인되는 것이다. 미생물세포의 운동성은 영양분을 획득하거나 적합하지 않은 환경으로부터 이동하는 데 매우 중요하다고 할 수 있다.

그림 6-8 세균의 편모

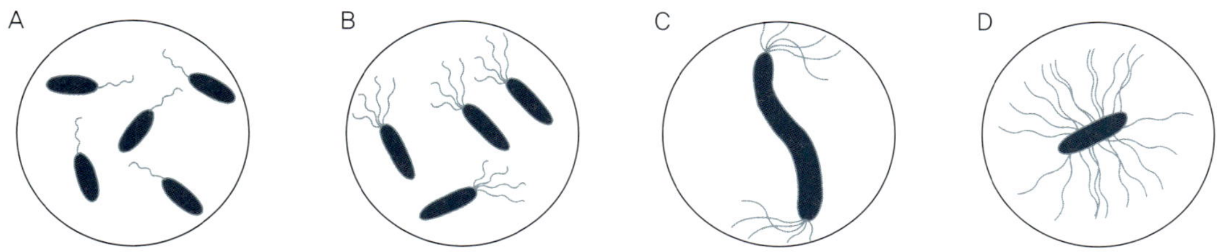

A: 단극모, B: 속극모, C: 양극모, D: 주모

세균의 편모는 세포막 밖으로 돌출된 가늘고 긴 부속물로 공간을 이동하게 하는 역할을 한다. 편모는 세균의 종류에 따라 세포에의 부착 부위, 수가 다르며 이는 미생물을 분류하는 데 중요한 특징이다. *Pseudomonas* 같은 세균의 편모는 극모 polar flagella라고 하여 세포의 끝 또는 극에 한 개 또는 그 이상 부착되어 있고 *Salmonella* 같은 세균은 주모 peritrichous flagella라고 하여 세포의 끝에서부터 측면에 걸쳐 편모가 부착되어 있다 그림 6-8.

편모는 직선이 아닌 나선형 구조를 가지며, 편모의 섬유 filament는 flagellin이라고 하는 구상단백질로 이어진 섬유가 나선상으로 감겨 관 모양의 구조를 형성하고 있다. 편모의 형태나 파장은 flagellin 단백질의 구조에 의해 결정되며 세균에 따라 다른 구조를 갖게 된다. 편모의 기저부는 hook이라는 넓은 부위로 되어 있으며, 편모섬유를 편모의 운동부 motor portion와 연결시켜 주는 기능을 한다. 이 운동부는 작은 관 형태로 기부체 basal body의 환구조를 통과하여 연결되어 있다 그림 6-9. 기부체는 세포의 표층에 연결되어 있는 복잡한 구조로 그람음성세균의 경우는 세포막에 연결되어 있는 M환, periplasmic space에 연결되어 있는 S환, 펩티도글리칸에 연결된 P환, 외막의 지질층에 연결된 L환으로 되어 있다. 반면 그람양성세균의 경우는 외막이 없고 펩티도글리칸층이 두꺼워 안쪽의 S환과 M환만 운동부에 연결되어 있다.

섬모는 pili 또는 fimbriae라고 하며 편모에 비해 짧고 가늘며 운동성과는 관계없는 세포 표면의 돌출물이다. 선모의 구성단위는 필린 pilin이라는 단백질

그림 6-9 **세균의 편모 구조**

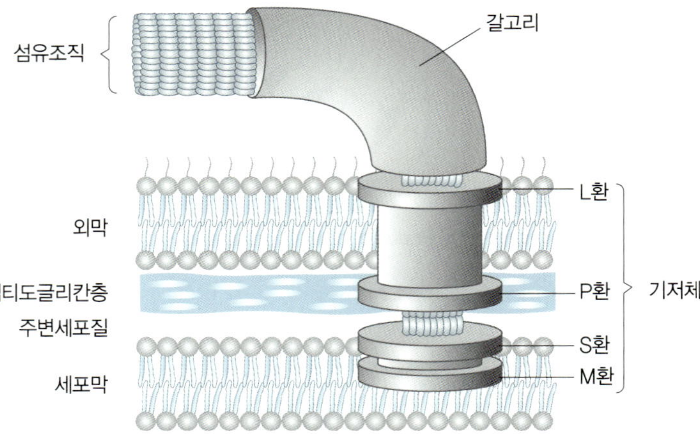

입자로 필린 분자가 나선상으로 이어져서 원통형을 이루고 섬모의 중심에 공간을 이루고 있다. 세균세포와 연결되어 있는 섬모는 몇 가지 형태의 pili 또는 fimbriae로 되어 있으며 서로 다른 기능을 갖고 있다. Fimbriae는 세포 표면에 많은 수가 부착되어 있으며, 생물체 표면에 강하게 부착하는 기능을 갖는다. 반면 pili는 fimbriae와 구조적으로 비슷하나 좀더 긴 형태로 세포 표면에 적은 수(1~10개/세포)로 부착되어 있다 그림 6-10. 또한 pili는 성섬모 sex pili라고도 하며, 세균들은 성섬모를 통해 접합할 수 있으며, 이 과정을 통해 유전자의 일부를 이동시키기도 하며, 특이적인 phage의 수용체로서 역할을 하기도 한다.

그림 6-10

***Salmonella typhi*의 편모와 선모**

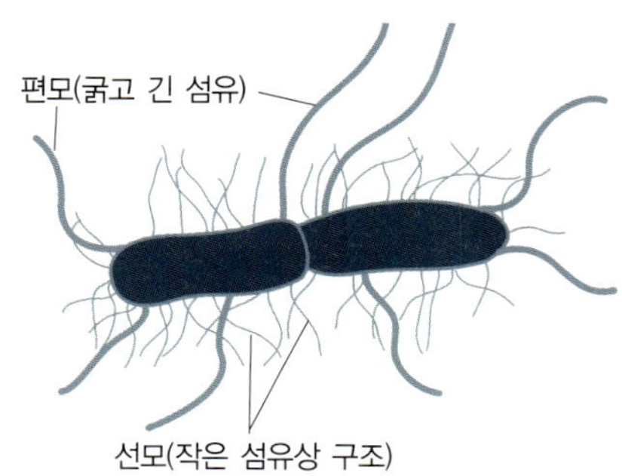

5) 내생포자(Endospore)

세균들 중 일부 균들은 자신들의 세포 내부에 내생포자 endospore라는 특이적인 구조물을 만든다. 내생포자는 열에 대한 높은 저항성을 가지고 있으며,

쉽게 파괴되지 않고, 화학약품에서도 내성을 나타낸다. 이들 포자는 생육 환경이 좋아지면 다시 발아할 수 있다. 포자는 일반적으로 한 개의 세포에 한 개씩 형성되며, 이 포자의 위치와 크기는 균종에 따라 다르고 이 특징은 균의 분류에 이용된다 그림 6-11. 내생포자를 생성하는 균들은 대부분이 병원성을 가지고 있으며, 이들의 포자는 열이나 약제에 강한 내성을 보여 의료나 식품에서 문제가 되는 세균들로 그 대표적인 종류로는 *Bacillus*와 *Clostridium*이 있다.

그림 6-11 내생포자의 위치

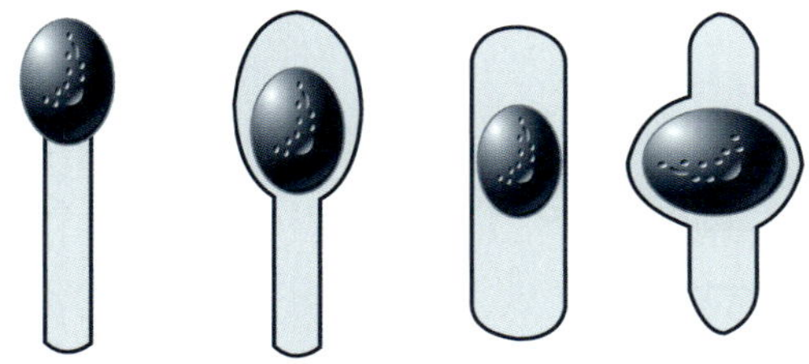

(1) 내생포자의 구조

내생포자의 구조는 영양세포 vegetative cell와는 다른 매우 복잡한 다층의 구조를 갖는다. 가장 바깥쪽은 얇고 단백질로 덮여 있는 섬세한 외막 exosporium이 있으며, 그 안쪽에 다소 두꺼운 여러 겹의 단백질 층으로 구성된 포자각 spore coat이 위치한다. 이 포자각은 불투과성이며 화학물질에 대한 저항성을 주고 있다. 포자각 아래에는 피층 cortex이 펩티도글리칸층과 느슨한 교차결합을 하고 있다. 피층 안쪽에는 심부 core 또는 포자 세포질 spore protoplast이 있으며 이는 포자막 core wall에 둘러싸여 있다. 포자 발아 시 심부는 영양세포의 원형질로 되는 부분이며, 포자막은 세포벽이 된다 그림 6-12. 내생포자의 피층 cortex이 삼투압에 의해 세포 내의 수분을 제거시켜 영양세포 수분 함량의 10~30%만 함유하여 진한 gel 상태가 되어 외부 자극에 대해 내성을 갖게 된다. 또한 영양세포에서는 볼 수 없는 내생포자 건조 중량 대

그림 6-12 *Bacillus anthracis* 내생포자의 구조

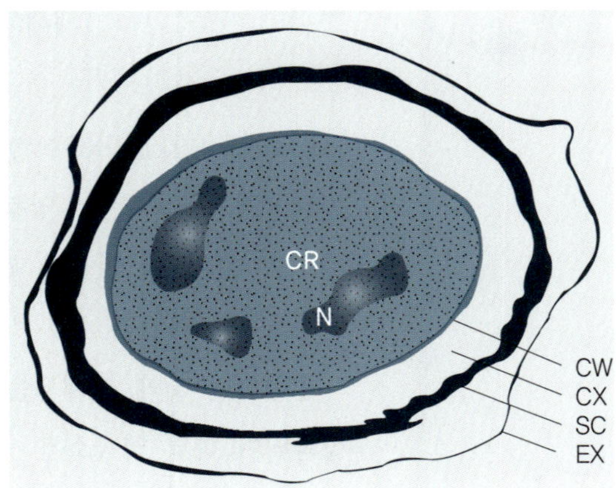

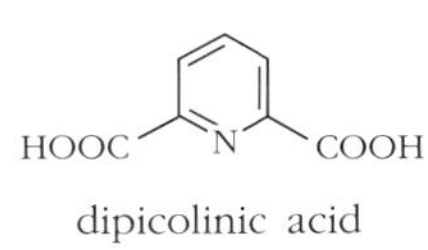

EX : Exosporium, 외막
SC : Spore coat, 포자각
CX : Cortex, 피층
CW : Core wall, 포자막
N : Nucleus, 핵
CR : Ribosome, 리보솜

비 약 10% 정도의 calcium-dipicolinic acid 복합체가 존재하여 안정화에 기여하는 것으로 추정되고 있다.

그림 6-13 내생포자의 형성

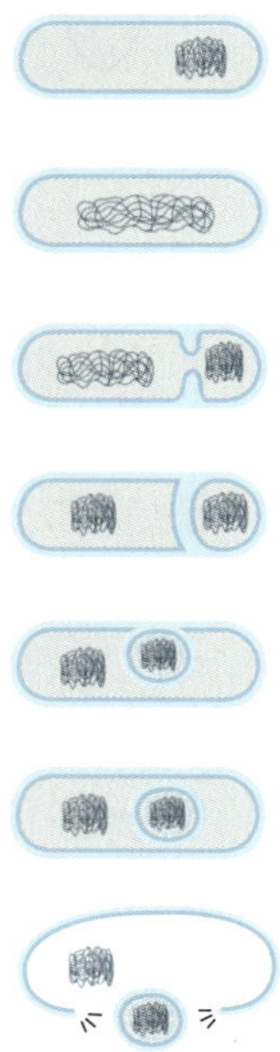

(2) 내생포자의 형성(Sporulation)

내생포자 형성은 세포 증식과 관계되는 탄소원이나 질소원의 영양 결핍에 의해 개시되며, 비가역적 반응으로 한 번 개시된 반응은 생육 조건이 회복되어도 계속 진행된다. 포자 형성은 영양세포 내의 염색체가 모여 축상의 형태가 되고, 세포막이 세포 양측으로부터 세포질 내로 함입되어 핵을 격리하게 된다. 염색체의 복제가 포자 내부에서 일어나며 내생포자의 다양한 층이 DNA 주변에 합성된다. Dipicolinic acid를 포함하여 내생포자 형성에 관계되는 기질들이 합성되고 cystine 같은 아미노산이 펩타이드 중합체를 구성하게 된다. 포자 피층과 막 층이 형성되면서 내생포자가 성숙되어 완성된다. 내생포자는 모세포의 용해에 의해 외부로 유리된다 그림 6-13.

(3) 내생포자의 발아(Germination)

내생포자는 수분, 영양분, 온도 등의 생육조건이 적합한 경우 발아하여 영양세포로 된다. 이 과정은 활성화 activation, 발아 germination, 성장 outgrowth의 3단계로 이루어진다.

활성화는 쉽게 진행되는 과정으로 예로 열을 수분간 가하는 것만으로도 활성화되어 특정 영양소가 충족될 경우 발아를 위한 상태가 된다. 발아 germination는 빠르게 진행되는 과정으로 피층과 포자각이 분해되면서 세포벽이 급속도로 두꺼워지고 세포막이 발달된다. 포자의 발아과정은 세포의 구조가 변화하는 것 이외에 세포의 화학적 변화가 일어난다. 다음 단계는 성장으로 수분을 빨아 들여 팽창하게 되며 새로운 RNA, 단백질, DNA 등이 합성되고 포자의 표층구조를 뚫고 밖으로 신장하여 세포분열이 시작된다. 이렇게 되어 새로운 영양세포가 된다.

2. 진핵세포(Eukaryotic cell)

진핵세포를 갖는 생물은 조류 algae, 균류 fungi, 원생생물 protozoa 등이 있다. 진핵세포는 원핵세포보다 훨씬 복잡한 구조를 가지고 있으며, 가장 큰 차이점은 진핵세포는 핵, 미토콘드리아, 염색체 등의 막성 소기관 cell organelles을 갖는 것이다 그림 6-14. 세포 소기관은 세포 내에서 특정기능을 하는 구조물로, 막에 의한 진핵세포 내부의 구획화는 서로 다른 생화학적, 생리적 기능이 세포 내의 다른 공간에서 작용하게 하고, 이를 통하여 조절기능이 일어나게 된다.

그림 6-14 진핵세포의 구조

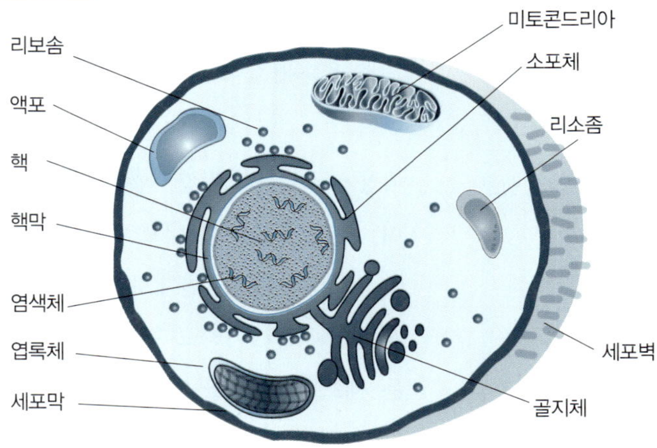

1) 세포막(cytoplasmic membrane)

진핵세포의 세포막은 원핵세포와 같이 유동성 인지질 이중막으로 구성되어 있다. 원핵세포의 세포막과 다른 점은 스테롤 sterol을 함유하고 있다는 것이다. 일부 원핵세포에서는 세포막 지질 성분의 25% 이상이 스테롤로 구성되어 있기도 하며 생물종에 따라 다양한 형태의 스테롤이 세포막 성분으로 발견된다. 인간과 동물의 세포막 주성분은 콜레스테롤 cholesterol인 반면 균류는 에르코스테롤 ergosterol로 되어 있다. 세포막의 스테롤은 항생제의 결합부위로 작용하여 균류 감염에 대한 치료제들은 콜레스테롤과는 친화성이 없으면서 에르코스테

그림 6-15 진핵세포 세포막의 Cytosis 작용

세포내외 물질이동 : 식균작용

롤과 친화성이 높은 항생제(polyene 항생물질 : nystatin, candicidin 등)들이 사용된다. 진핵세포의 세포막은 세포의 내부와 외부를 분리하여 세포의 내부를 보호하는 기능을 하면서 세포의 생명활동 유지에 필요한 물질의 선택적 수송을 하는 역할을 담당한다. 세포막의 물질 이동은 세포막의 함입이나 융합 등의 세포막 변형에 의해 고분자 물질이 이동되는 것으로 식균작용 cytosis이라고 한다 그림 6-15. 이때 세포막에 소포(소낭: vesicle)가 형성되며, 세포 외부에서 세포 내부로 물질이 이동하는 세포막 작용을 내포작용 endocytosis이라 하고, 반대로 세포 내부에서 외부로 물질이 이동하는 경우는 배출작용 exocytosis이라고 한다. 작은 세포나 고체와 같은 물질을 세포 내로 유입하는 세포막 작용을 식세포작용 phagocytosis이라고 하며, 이러한 작용은 아메바와 같은 원생동물에서 일어나며 인간이나 동물의 면역활동 중 감염된 박테리아를 포식하는 과정을 예로 들 수 있다. 반면 이동되는 물질이 액상에 용해되어 있는 경우 세포 표면에서 수용기가 기질과 결합하여 물질이 이동하게 되는데 이러한 막 작용을 음(飮)세포작용 pinocytosis이라고 한다.

2) 세포벽(Cell wall)

대부분의 균류와 조류의 세포는 고등식물의 세포와 같이 일정한 형태와 강도를 가지고 있는 세포벽에 싸여 있으며 많은 원생동물과 일부 조류에는 세포벽 구조를 갖지 않는 것도 있다. 이들 세포벽은 일반적으로 원핵세포에 비해 훨씬 두껍고 펩티도글리칸 구조를 갖지 않으며 화학조성은 키틴 chitin, 글루칸 glucan, 셀룰로오스 cellulose 등으로 되어 있다.

균류의 세포벽은 균사(사상세포)의 경우에는 원통형이고 긴 세포 내에 격벽의 유무로 구분되며, 효모나 포자와 같이 구형 또는 타원형의 형태로 있다. 균류 세포벽의 주된 당류는 셀룰로오스(cellulose, β-1,4-glucan), β-1,3-glucan, α-1,6-mannan, 키틴 및 키토산 chitosan으로 되어 있다.

세포벽의 단백질은 대부분 다당류와 결합하고 있으며 disulfide결합을 가지는 단백질과 함께 세포벽 구조의 안정화에 관여하는 것으로 알려져 있다. 세포벽 지질은 대부분 중성지질이며 지질 또한 세포의 견고성에 기여하는 것으로 추측되고 있다.

3) 세포내 기관

(1) 핵(Nucleus)

진핵세포의 핵은 세포의 유전정보를 저장하고 있는 세포내 기관이며, 내막 inner membrane과 외막 outer membrane을 지닌 이중막 구조이며, 그 각각의 막은 인지질 이중막으로 되어 있다. 핵막을 통과하는 핵막공(nuclear pore, 직경 70nm, 10~25%/핵막)은 핵과 세포질 사이의 선택적 상호교환을 담당한다. 즉 RNA나 리보솜 성분이 핵 내부에서 합성되어 핵막공을 통해 세포질로 이동하고 DNA전구체, 미소관단백질 등이 핵막공을 통해 핵 내부로 이동하게 된다. 핵 내부의 유전 정보는 DNA와 단백질로 구성된 염색질 chromatin이 모여 형성된 염색체 chromosomes에 저장되어 있다. 진핵세포의 염색체는 선상의 DNA가 단백질과 함께 이중 나선구조로 배열되어 있으며, DNA는 유전정보를 만들어 내고 단백질은 염색체의 구조를 만드는 데 관여한다.

그림 6-16 진핵세포 염색체의 Nucleosomes

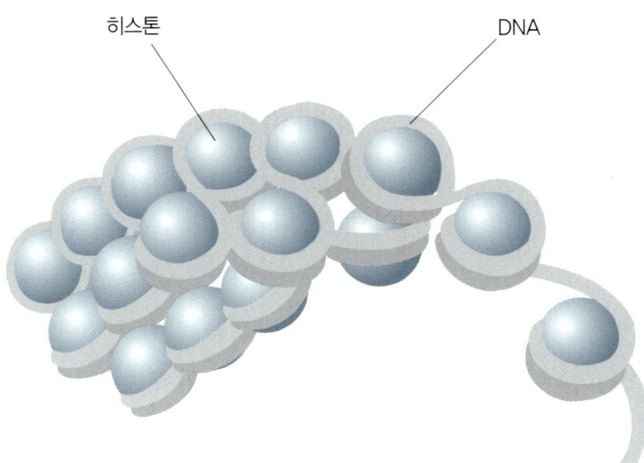

염색질 chromatin의 단백질은 주로 히스톤으로 DNA와 이온화 결합을 하고 있다. 히스톤 주위의 DNA 나선구조는 nucleosome이라는 염색체의 기본단위를 구성하며 각각의 nucleosome에는 200개의 핵산이 히스톤을 감싸고 있다 그림 6-16.

Nucleosome은 진핵세포 염색체의 구조적인 형태를 나타내며, 원핵세포에서는 볼 수 없는 진핵세포 유전정보의 기본단위가 된다. 핵에서 뚜렷한 구조물은 인 nucleolus으로 rRNA를 합성하는 RNA가 풍부한 부분이다. 세포질에서 합성된 리보솜 단백질은 핵 내부로 운반되어 rRNA와 결합하여 진핵세포 리보솜의 기본단위를 구성한다. 이것이 다시 세포질로 운반되어 완벽한 리보솜을 형성하게 되고 이어서 단백질 합성 기능을 갖게 된다.

(2) 미토콘드리아(Mitochondria)

진핵세포에서 호흡과 산화적 인산화(ATP 생성 기전)는 막성 소기관인 미토콘드리아 mitochondria에서 일어난다. 미토콘드리아는 직경 0.2~1μm, 길이 1~4μm 원핵세포 크기로 간상 형태를 가지며, 미토콘드리아의 수는 세포의 형태와 크기에 따라 달라진다. 즉 전형적인 동물세포의 경우 1000개의 미토콘드리아를 가지고 있으나 효모의 경우는 그보다 적은 수의 미토콘드리아를 가지고 있다. 미토콘드리아의 가장 중요한 기능은 호흡에 의한 에너지의 생산이다. 이것은 해당경로 Glycolysis의 최종산물인 pyruvate를 산화분해하는 TCA cycle이며, 이것과 연계된 산화경로의 여러 효소를 함유하여 에너지를 생산하는 것이다.

미토콘드리아는 이중의 단위막으로 된 소기관으로 외막은 스테롤을 포함하여 약 50% 이상이 지질로 구성되어 있고, 원핵세포의 세포막보다 견고성은 낮은 편이나 유연성을 가지고 있다. 이 막은 인지질로 구성된 이중막으로 투과성을 가지며, 수많은 미세 통로 channels를 통해 이온과 작은 유기분자들의 이동에 관여한다. 이러한 통로를 통해 미토콘드리아에서 생성된 ATP, NAD, coenzyme A 등이 세포질로 이동하게 된다.

미토콘드리아 내막은 외막과 달리 스테롤의 함량이 적고 cardiolipin diphosphatidyl- glycerol을 함유하며 단백질의 함량이 높다. 내막은 미토콘드리아 안쪽으로 돌출되어 있는 형태를 가지며, 이를 크리스타 crista라 하고 호흡과 ATP 생산 효소가 있는 곳이다. 또한 미토콘드리아의 매질 matrix 내외부의 대사산물 운반을 조절한다. 미토콘드리아의 matrix는 리보솜, DNA 및 인산칼슘 입자 등을 포함하며 TCA cycle이나 지질의 산화에 관계되는 효소류를 가지고 있다 그림 6-17.

그림 6-17 미토콘드리아 구조

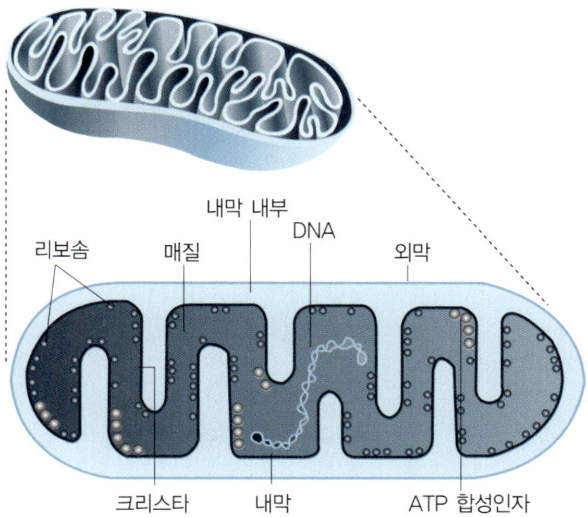

미토콘드리아는 matrix에 있는 DNA와 리보솜을 이용하여 자신의 단백질을 합성하나 대부분의 단백질은 핵에 의해 조절된다. 또한 미토콘드리아는 이분법에 의해 증식되는데 이러한 부분적 독립성과 번식 형태를 보여 염색체와 함께 두 세포소기관은 일부분 세균과 흡사하다고 볼 수 있다.

(3) 소포체(Endoplasmic reticulum)

진핵세포에는 세포질 내막계가 서로 연결되어 네트워크를 형성하고 있는 구조물이 있는데 이것을 소포체 endoplasmic reticulum라고 한다. 소포체의 모양은 진핵세포에 따라 달라지나 긴 관 또는 주머니 모양의 막으로 된 구조물로 세포 내에 널리 분포하며 핵막, 세포질 리보솜, 미토콘드리아 등과 연결되어 세포의 대사활성을 조절시키는 세포 정보망의 역할을 한다. 소포체는 두 개의 형태를 보이는데 리보솜이 부착되어 거친 형태를 보이는 것을 조면소포체 rough endoplasmic reticulum: RER라고 하고 리보솜이 부착되어 있지 않는 것을 활면소포체 smooth endoplasmic reticulum: SER라고 한다. 소포체에 부착된 리보솜에서 합성된 단백질은 활면소포체를 통해 세포의 다른 기관으로 보내져 세포막으로 이동되거나 막에 유입된다. 그러므로 조면소포체는 분비단백질(효소 등)의 생산과 단백질과 인지질 조합에 의한 새로운 막 생성을 담당한다고 할 수 있다. 반면 소포체에 부착되어 있지 않은 리보솜에서 합성된 단백질은 이러한 막 네트워크를 통해 이동하지 않고 세포질 내에서 사용된다. 이와 같이 소포체의 주요 기능은 단백질 합성 및 수송의 장소로서 작용한다.

(4) 골지체(Golgi complex, Golgi apparatus)

진핵세포의 골지체는 조면소포체와 연결된 구조를 갖는 기관으로 납작한 주머니 cisterna가 보통 4~8개 겹쳐져 있는 모양을 가지며, 생물에 따라 겹쳐지는 수가 다르다. 골지체의 겹쳐진 납작한 주머니에는 골지소포 vesicle가 다수 붙어 있는 경우가 많은데 주로 소포체와 접한 부위나 골지체의 주변부에 주머니가 부푼 장소 부근에 많이 있다. 이러한 골지체의 겹쳐진 구조 중 납작한 주머니와 분비소포 한 단위를 dictyosome이라고 한다 **그림 6-18**. 골지체의 납작한 주머니 면 중 조면소포체가 활면소포체로 이행하는 면에 근접된 부분을 시스면 cis-Golgi network: CGN, 세포막에 가까운 부분을 트랜스면 trans-Golgi network:

그림 6-18 골지체 구조 및 물질이동

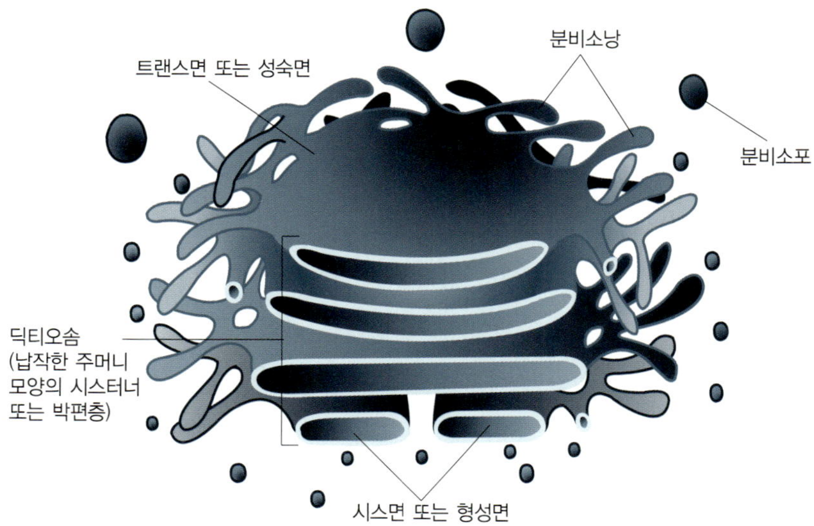

TGN이라고 한다.

골지체의 기능은 소포체에서 합성된 단백질의 저장, 세포벽다당류의 합성, 당단백질 합성 및 분비과립 secretory vesicle 및 리소좀 Lysosome 형성 등이 알려져 있다. 조면소포체에서 합성된 분비성 단백질, peptide 및 리소좀 효소 등은 골지체 cisterna 말단에 농축, 저장되어 말단에서 형성된 분비과립을 통해 세포막과 융합하여 세포 밖으로 방출된다. 이렇게 골지체는 물질의 저장, 합성 및 운반의 역할을 하고 있다.

(5) 리소좀(Lysosome)

리소좀은 골지체에서 만들어진 단위막으로 구성된 세포소기관으로 다양한 소화효소를 내부에 가지고 있다. 리소좀은 고등 동·식물 및 원생동물, 일부 조류 및 진균류에서도 만들어지며 크기는 다양하나 보통 500nm 정도이고 구형에 가까운 소기관이다. 리소좀 내부의 pH는 세포질보다 낮은 5 부근이며 소화효소 작용의 최적 pH를 나타낸다.

리소좀의 기능은 식세포작용에 의해 외부에서 유입된 물질 또는 미생물세포와 리소좀이 융합하여 가수분해하거나 세포질 내 자신의 물질 또는 소기관을 소포체막으로 감싼 자기탐식 소낭과 융합하여 소화시키는 작용을 한다. 이렇게 가수분해된 아미노산이나 단당류 등은 리소좀의 막을 투과하여 세포 내로 확산되어 세포의 영양원으로 재이용된다. 반면 리소좀 내부의 소화효소들은 막을 투과할 수 없으므로 세프 자신은 소화효소로부터 보호될 수 있다.

(6) 엽록체(Chloroplast)

조류와 식물세포에는 이산화탄소 고정과 광합성에 의한 ATP를 생산하는 염색체 chloroplast라는 세포내 소기관이 있다. 염색체는 미토콘드리아와 같이 세포질 내의 다른 기관들과 분리되는 투과성의 외막과 복잡한 구조의 내막으로 되어 있다. 염색체의 내부는 광합성 중 이산화탄소가 고정되는 곳인 스트로마 stroma라고 하는 내부 구성물로 되어 있으며, 이는 미토콘드리아의 내막과 같

그림 6-19 엽록체의 내부 구조와 틸라코이드(thylakoids)

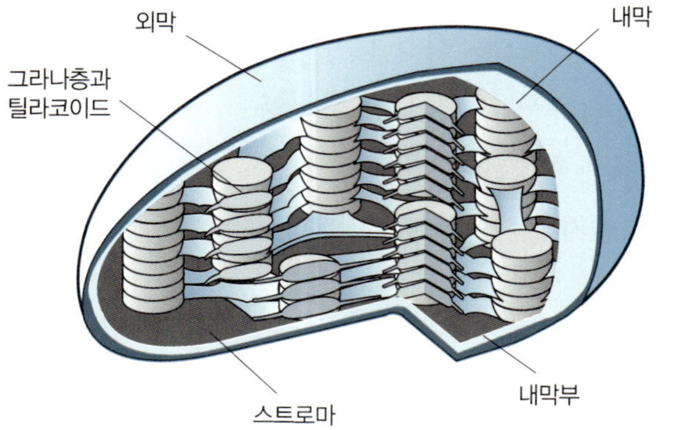

은 cristae로 접혀 있는 형태를 하고 있지는 않다. 염색체의 엽록소나 광합성에 필요한 다른 구성물들은 납작한 주머니 형태의 틸라코이드 thylakoids에 포함되어 있다. 일반적으로 녹색조류와 녹색식물의 틸라코이드는 여러 개가 중첩되어 그라나 grana를 형성하는 반면 갈색조류의 틸라코이드는 중첩되지 않아 그라나가 형성되지 않는다 그림 6-19.

엽록체의 스트로마는 Calvin cycle의 주요 효소인 Ribulose bisphosphate carboxylase RubisCO를 다량 함유하고 있어 이산화탄소를 유기물로 전환시키는 작용을 한다. RubisCo 효소는 염색체 단백질의 50% 이상을 차지하고 있으며 glucose 생합성의 전구체인 phosphoglycerate 형성을 촉진시킨다. 또한 엽록체의 틸라코이드는 빛에너지를 포착하여 ATP, NADPH 및 산소를 만드는 작용을 한다. 이렇게 엽록체에서 광합성 작용은 구조적으로 분리되어 탄수화물을 만드는 암반응은 스트로마에서 일어나고 빛으로부터 에너지를 만드는 명만응은 틸라코이드에서 각각 일어난다.

(7) 미세섬유(microfilament)와 미세소관(microtubule)

진핵세포에는 직경 4~7nm의 미세 단백질 섬유인 미세섬유가 세포질 내에 분포하여 그물망 또는 평행 구조를 이루는데, 이는 세포질의 유동성이나 세포 모양 변화에 관여한다. 미세섬유는 액틴 actin이라는 단백질의 단위 구조로 되어 있어 세포의 운동에 관여하는 것으로 알려져 있다. 이외에 세포질에는 직경이 25nm 정도의 원통형 관 형태의 미세소관이 있으며, 이는 직경 4~5nm의 튜불린 tubulin 단백질이 단위 구조로 되어 있고, 세포 모양 유지의 역할과 미세섬유와 함께 세포운동에 관여하는 것으로 알려져 있다.

(8) 편모(Flagellum)와 위족(Pseudopodium)

진핵세포의 편모는 세포에 부착된 긴 섬유 형태를 하고 있고 채찍 형태로 움직여 세포가 앞으로 운동하게 한다. 진핵세포의 편모 구조는 원핵세포와는 다른 형태로 막구조 내에 미세섬유와 미세소관으로 이루어져 있다. 바깥쪽에는 미세소관이 2개씩 짝을 이루어 9쌍이 둘러싸고 내부에는 2개의 미세소관이 중심관을 형성하고 있으며, 중심소관과 바깥쪽 미세소관은 미세섬유에 의해 연결되어 있다 그림 6-20. 바깥쪽 미세소관에는 dynein이라는 단백질이 붙어 있어 ATP의 화학에너지를 편모가 운동할 수 있도록 운동에너지로 바꾸는 작용을 하고 있다.

그림 6-20 진핵세포의 편모 구조

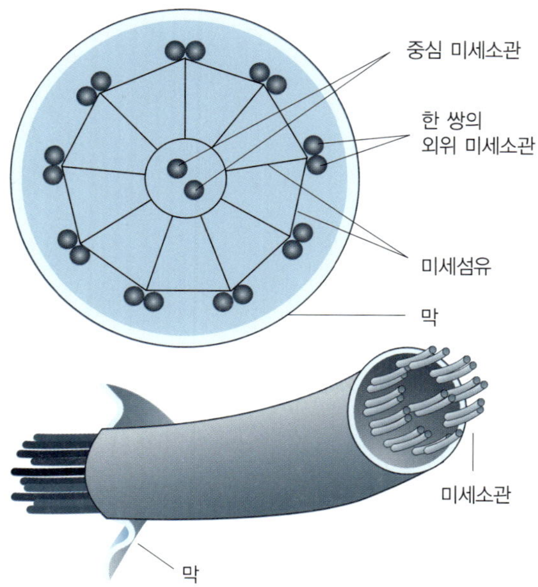

위족 pseudopodium은 세포벽을 가지지 않는 아메바나 점균류의 원형질 운동에 관여하는 것으로 위족을 만들기 위해 신체의 일부분을 확장할 때 위족의 세포질 농도는 다른 부분에 비해 묽게 되는데, 이때 다른 부분으로부터 위족으로 세포질 유동이 일어나 세포질이 이동하게 되고 이러한 과정을 통해 아메바 운동이 천천히 일어나게 된다.

미생물 포자에 대한 놀라운 사실

미생물 중 내생포자 형성균들은 생육환경이 적합하지 않을 때 외부 조건(열, 약품, 방사선 등)에 저항성이 강한 일종의 내구체인 포자를 세포 내에 형성하게 된다. 이러한 내생포자는 과연 얼마나 오래 견딜 수 있을까?

사례 1 : 1947년 네덜란드인 K.T. Wieringa는 *Clostridium aceticum*으로부터 분리한 포자액을 담은 vial을 분실하게 되고 이후 이 vial이 캘리포니아대학의 저장창고에서 1981년 발견되었고 포자를 발아시키는 데 성공(34년 만에)

사례 2 : 지질시대로 추정되는 호박화석(벌이 들어 있는)에서 *Bacillus*와 유사한 DNA 구조를 갖는 포자를 발견(대략 25~40만 년 전)

사례 3 : 약 250만 년 전 소금 결정 속에 들어 있는 내생포자형성 세균을 분리함

미생물의 생육과 환경

Chapter 7

1. 미생물의 증식과 생육곡선
2. 미생물 생육의 필수 환경 조건
3. 미생물의 배양배지와 생육측정법

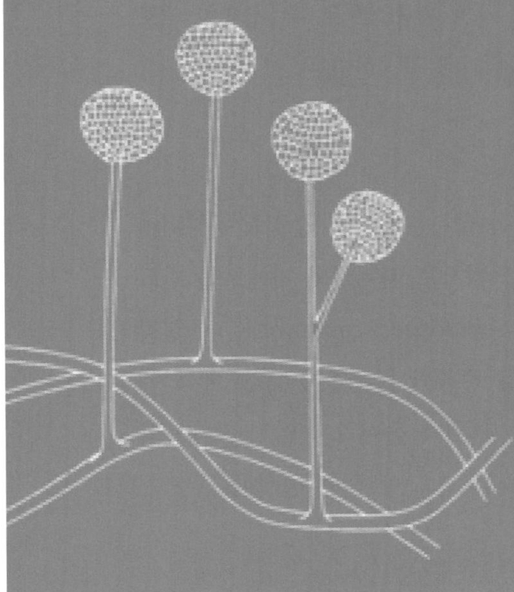

미생물의 생육은 미생물세포를 구성하는 모든 성분이 양적으로 늘어나는 과정으로 인하여 세포 자체의 구조와 크기의 증가 및 세포 수가 증가하는 것을 의미한다. 그러나 일반적으로 미생물의 생육은 세포분열에 의한 세포 수의 증가를 의미하는 세포 증식으로 나타난다.

미생물은 주변의 다양한 환경 중에 생육하면서 개별적인 환경, 즉 영양, 수분, 산소, 온도 및 pH 등에 대하여 매우 민감한 생육특성을 보인다. 따라서 각각의 특정 환경인자에 대한 미생물의 생육특성을 과학적으로 이해하는 것은 식품가공 및 유통, 식품발효를 포함한 식품과학 Food Science의 전반에 걸쳐 매우 중요하게 적용될 것이다.

1. 미생물의 증식과 생육곡선

1) 미생물 증식법

(1) 세균(Bacteria)

세균은 무성생식에 의해 한 개체의 모세포로부터 DNA 복제, 세포벽 형성과 DNA 분리 및 세포질 분열의 단계적 과정을 거쳐 최종적으로 두 개체의 새로운 자세포로 만들어지는 이분법 Binary fission에 의해 증식한다.

(2) 진균(Fungi)

효모 Yeast의 대부분은 모세포의 세포벽 한쪽 끝부분이 돌기상으로 팽창되어 아세포 Bud cell를 만들고 이 세포가 커져 세포 밖으로 빠져나와 자세포를 만드는 출아법 Budding에 의해 증식한다. 그러나 *Schizosaccharomyces*는 원형질이 등분되면서 격벽이 생겨 두 개의 자세포로 증식되는 분열법 Fission에 의해 증식하며 *Saccharomyces*는 출아한 후 출아 부위가 들어가지 않고 모세포와의 사이에 칸이 생겨 분열하는 출아 · 분열법 Bud-fission에 의해 증식한다.

곰팡이 Mold의 증식은 균사의 길이와 부피의 증가뿐만 아니라 균사 수와 가지의 증가를 포함한다.

그림 7-1 세균의 이분법

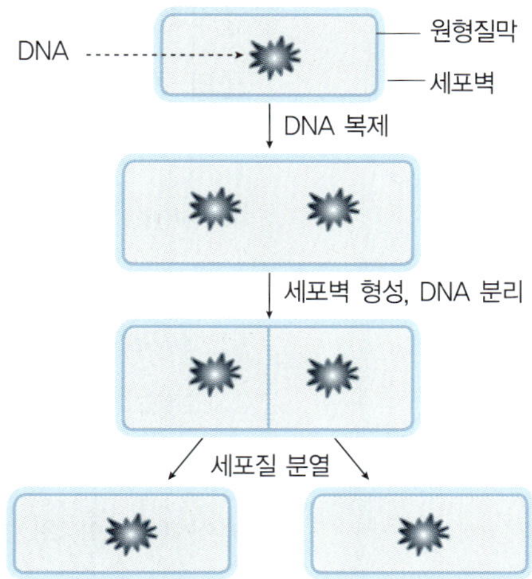

2) 미생물의 생육곡선(Growth curve)

생육배지의 초기 영양성분에 어떤 물질도 더 첨가하지 않고 배양 처음 그대로의 환경을 유지한 회분배양법 Batch culture을 사용하여 시간의 경과에 따라 미생물 생육의 양상을 단계별로 도표상 Graph에 그린 것을 생육곡선 Growth curve이라고 한다. 즉 일정온도에서 각 배양시간별로 측정한 미생물 생육의 생균수치의 대수값을 X축과 Y축에 표시하고, 그 지점들을 연결하여 곡선을 완성시키면 유도기, 성장기, 정지기, 사멸기로 구성된 총 4단계의 생육양상을 볼 수 있게 된다. 각 단계에 따른 미생물의 생리적 특징은 구분된다.

(1) 생육유도기(Lag phase 또는 Induction phase)의 특징

미생물을 액체배지에 접종하면 즉시 세포증식을 하는 것이 아니고 새로운 환경에 일정시간 동안 적응한 후 증식이 진행되기 때문에 이 단계를 1단계의 환경적응기 Lag phase 또는 생육유도기 Induction phase라고 한다.

이 시기에는 생육에 필요한 영양물질을 이용하기 위한 효소와 세포 구성성분의 합성이 이루어지며 세포분열 전 세포의 크기가 커지게 된다. 세포대사가 왕성한 미생물은 짧은 유도기를 거치지만 그렇지 않은 미생물은 비교적 긴 유도기를 거치게 된다. 뿐만 아니라 접종된 미생물의 수와 배지의 영양성분 및 배양온도 등에 따라서도 유도기의 기간은 달라질 수 있다.

(2) 성장기(Logarithmic phase 또는 Exponential phase)의 특징

이 시기에는 세포분열에 의해 세포의 수가 최고세포농도 Maximum cell density: MCD에 도달될 때까지 대수적으로 증식하기 때문에 이 단계를 2단계의 대수증식기 Logarithmic phase 또는 Exponential phase 또는 성장기라고 한다. 이 시기의 증식속도는 배양온도, 배지의 수분활성 및 pH 등 배지 내 환경인자들과 미생물의 종류에 따라 달라진다.

이 시기에 세포의 수가 2배가 되는 시간을 세대시간 Generation time 또는 Doubling time이라고 하며 일반적으로 세균은 20~30분의 세대시간을 갖는다.

(3) 정지기(Stationary phase)의 특징

성장기 이후 최고세포농도에 도달하게 되면 세포증식은 더 이상 일어나지 않는 3단계의 정지기 Stationary phase에 도달한다. 일반적으로 세균과 효모의 배양액 중의 최고세포농도는 1mm당 각각 108~109와 106 정도이다. 또한 이 시기에는 생존미생물의 수가 일정하게 유지되며 새롭게 생성되는 세포의 수와 사멸되는 세포의 수가 같게 된다.

세포증식이 멈추는 이유로는 세포대사 동안 영양물질의 고갈, 배양액의 pH 변동 및 독성물질의 축적 등이 원인으로 작용한다. 특히 호기성미생물의 생육이 멈추는 것은 이런 원인과 더불어 산소부족이 그 원인으로 나타난다.

한편 이 시기에는 에너지 대사과정과 일부 생합성 과정이 지속적으로 진행되어 항생물질, 효소 등과 같은 2차 대사산물과 *Bacillus*나 *Clostridium*의 포자가 생성된다.

(4) 사멸기(Death phase)의 특징

미생물은 영양물질과 저장에너지의 고갈, 배양액의 pH 변동 및 독성물질의 과잉축적 등의 원인으로 인해 최종적으로 살아 있는 미생물의 수가 감소되는 사멸기에 이르게 된다.

미생물의 종류에 따라 사멸기의 기간과 속도는 다르나 세균은 보통 수개월에 걸쳐 점차적으로 균수가 줄어든다.

그림 7-2 회분배양에서의 미생물 생육곡선

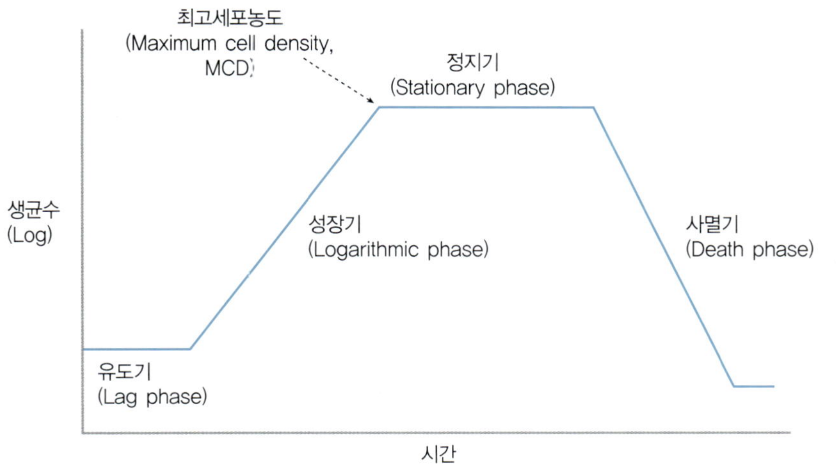

3) 미생물 생육의 성장기와 세대시간의 수학

미생물의 생육 동안 생육속도 Growth rates와 세대시간 Generation time이 결정된다. 생육속도는 단위시간당 균체량 또는 균수의 변화로 측정할 수 있으며 세대시간은 미생물의 종류에 따라 다소 차이가 있으나 보통은 한 시간 전후에서 길게는 3시간 이상도 있다.

액체 시험관에 세균을 접종하고 30분에 한 번씩 균의 생육을 세포 수로 측정하면 세균의 집락 수 Population는 30분 후에 2개, 1시간 후에 4개, 1.5시간 후에 8개와 같은 지수적 Exponential 또는 대수적 Logarithmic 증가를 보인다. 이와 같은 방식을 공식으로 유도하면 세균 집락은 세대를 지날 때마다 두 배로 증가하기 때문에 2^n(n=세대수)으로 나타난다.

수학적으로 정리하면 $N_t = N_o \times 2^n$의 방정식이 성립된다(N_o = 미생물집락의 배양시작 시의 미생물집락의 수, N_t = 배양시간 동안의 증가된 미생물집락의 수, n = 배양시간

그림 7-3 배양시간에 따른 미생물의 대수적 증가 그래프

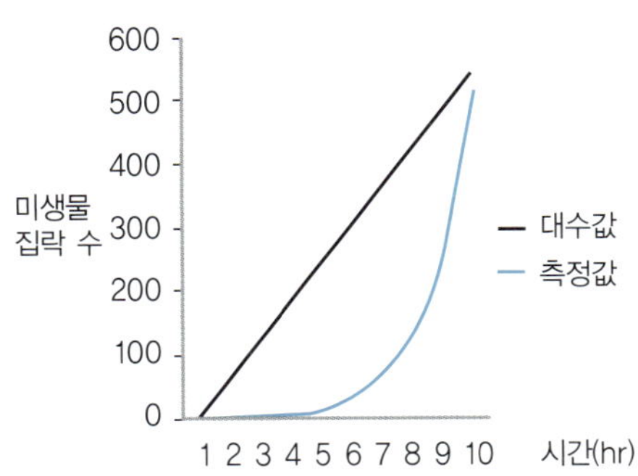

표 7-1 배양시간에 따른 미생물의 지수적(대수적) 증가

배양시간(hr)	세대수(분열횟수)	집락의 수($2^n \times 1$)	$\log^{10}$(집락의 수)
0	0	$2^0 \times 1 = 1$	0.000
0.5	1	$2^1 \times 1 = 2$	0.301
1	2	$2^2 \times 1 = 4$	0.602
1.5	3	$2^3 \times 1 = 8$	0.903
2	4	$2^4 \times 1 = 16$	1.204
2.5	5	$2^5 \times 1 = 32$	1.505
3	6	$2^6 \times 1 = 64$	1.806
3.5	7	$2^7 \times 1 = 128$	2.107
4	8	$2^8 \times 1 = 256$	2.408
4.5	9	$2^9 \times 1 = 512$	2.709
5	10	$2^{10} \times 1 = 1,024$	3.010
–	n	$2^n \times 1 = 2^n$	–

(배양시작 시의 세포 수를 1로 가정한다.)

동안의 세대 수). 이 방정식을 상용대수로 풀면 아래와 같다.

$$\log_{10}N_t = \log_{10}N_o + (n \times \log_{10}2)$$

$$\log_{10}N_t - \log_{10}N_o = n \times \log_{10}2$$

$$n = \frac{\log_{10}N_t - \log_{10}N_o}{\log_{10}2} = \frac{\log_{10}N_t - \log_{10}N_o}{0.301}$$

이 식을 사용하면 미생물의 세대 수와 세대시간(세대수 ÷ 배양시간)을 계산할 수 있다.

2. 미생물 생육의 필수 환경 조건

1) 영양물질(Nutrients)

(1) 미생물세포를 구성하는 화학적 영양원소의 종류와 기능

세포는 물과 고형성분으로 구성되며 일반적으로 고형성분은 4대 주요원소, 다량무기염류 및 미량원소로 구성된다.

① **4대 주요원소**(4 Major nutrients) : 주요원소는 미생물 고형성분의 95%를 차지한다.

- 탄소 C : 세포의 유기영양소들을 구성하며 미생물건조중량의 약 50%를 차지한다.
- 산소 O : 세포의 물과 유기영양소들을 구성하며 호기성 미생물의 호흡과정에서 전자의 최종수용체로 작용한다. 미생물건조중량의 약 20%를 차지한다.
- 질소 N : 세포의 아미노산과 단백질을 구성하며 뉴클레오티드의 염기의 한 성분이다. 미생물건조중량의 약 14%를 차지한다.
- 수소 H : 세포의 물과 유기영양소들을 구성하며 미생물건조중량의 약 8%를 차지한다.

② **다량 무기염류**(Macro minerals) : 미생물 생장에 비교적 많이 필요로 되는 염류이다.

- 인 P : 세포의 DNA, RNA 및 세포막 성분인 인지질의 구성성분이다. 미생물건조중량의 3%를 차지한다.
- 황 S, 칼륨 K, 나트륨 Na : 일부 보조인자의 구성성분이며 세포의 삼투압을 유지한다. 각 원소의 함량은 미생물건조중량의 1%를 차지한다.
- 칼슘 Ca : 세포벽 구조와 세균 내생포자 Endospore의 주요 성분이며 미생물건조중량의 0.5%를 차지한다.

- 마그네슘 Mg : 세포막, 리보솜, DNA, RNA의 구조유지 및 대사의 보조인자로 작용한다. 미생물건조중량의 0.5%를 차지한다.
- 염소 Cl : 세포질의 이온균형에 관여하며 미생물건조중량의 0.5%를 차지한다.

③ 기타 무기염류(미량원소)(Trace minerals) : 미생물 생육에 매우 적은 미량으로 요구되는 염류이다.

- 철 Fe : 호기적 호흡에서 시토크롬 Cytochrome의 구성성분과 보조인자로 작용한다. 미생물건조중량의 0.2~0.3%를 차지한다.
- 브롬 Br, 코발트 Co, 망간 Mn, 아연 Zn, 몰리브덴 Mo, 바나듐 V, 니켈 Ni : 미생물세포 내의 효소와 보조효소의 구성성분이다. 각각의 미량원소는 미생물건조중량의 0.2~0.3%를 차지한다.

(2) 영양물질 요구성에 따른 미생물의 분류

① 광독립영양미생물(Photoautotrophs)

태양광선과 이산화탄소를 사용하여 광합성을 하는 생물이며, 식물, 조류, 시아노박테리아 및 광합성세균이 있다.

광독립영양미생물 : $H_2S + 2H_2O + 2CO_2 \longrightarrow 2(CH_2O) + H_2SO4$

② 화학독립영양미생물(Chemoautotrophs)

무기물을 산화시켜 에너지를 공급받고 고등식물의 영양소를 재순환시키는 생물이며 대표적 토양세균인 질화세균이 있다.

화학독립영양미생물 : $2NH_3 + 3O_2 \longrightarrow 2HNO_2 + 2H_2O$

③ 광종속영양미생물(Photoheterotrophs)

태양광선을 이용하여 광합성을 하지만 이산화탄소로부터 유기물을 합성할 수 없는 생물이기 때문에 유기탄소원을 필요로 하며 홍색비황세균이 이에 속한다.

④ 화학종속영양미생물(Chemoheterotrophs)

유기물을 산화시켜 에너지를 공급받는 생물이며, 병원성미생물 Pathogenic microorganism, 부패미생물 Putrefactive microorganism 및 발효미생물 Fermentation microorganism 등을 포함한 대부분의 식품미생물이 이에 속한다.

표 7-2 영양물질 요구성에 따른 미생물의 분류

미생물 분류	에너지원	탄소원	대표적 예
광독립 영양미생물	태양광선	CO_2탄소원	식물, 조류, 시아노박테리아, 광합성세균
화학독립 영양미생물	무기물의 화학에너지	CO_2탄소원	질화세균
광종속 영양미생물	태양광선	유기탄소원(CO_2탄소원도 가능)	홍색비황세균, 녹색비황세균
화학종속 영양미생물	유기물의 화학에너지	유기탄소원	원생동물, 비광합성세균의 식품미생물

(3) 화학적종속영양균의 생육에 요구되는 영양물질

① 유기탄소원(Organic carbon sources)

유기탄소원은 미생물 생육을 위한 에너지원과 세포 구성성분 합성을 위한 원료물질이다. 유기탄소원으로는 포도당 Glucose, 과당 Fructose, 갈락토오스 Galactose인 단당류와 자당 Sucrose, 맥아당 Maltose, 유당 Lactose인 이당류가 탄소원으로 주로 사용된다. 이 중 유기탄소원의 공급원으로 대부분의 미생물은 포도당을 가장 우선적으로 사용하는데, 이는 포도당이 미생물세포에 의해 가장 쉽게 흡수 · 분해되어 호기성미생물의 각각의 대사단계에서 쉽게 에너지로 변환되기 때문이다. 유당은 장내세균 Enterobactericeae과 일부 유산균에 의해 잘 사용되나 효모는 사용하지 않는다. 전분(녹말), 펙틴, 셀룰로오스 등과 같은 다당류는 세포막을 통과하지 못하여 세포 내로 흡수되지 못하기 때문에 세포 내에서 이런 물질을 분해시킬 수 있는 Amylase, Pectinase 및 Cellulase를 만들어 세포 외부로 분비시킨다. 이런 효소를 가수분해효소 Hydrolase 또는 세포 외효소 Exo-enzyme라고 한다. 당류 외의 탄소공급원으로 아미노산과 에틸알코올, 글리세롤, 만니톨, 솔비톨과 같은 알코올 및 구연산 Citric acid, 말릭산 Malic acid과 같은 유기산도 미생물에 의해 사용된다.

미생물의 생육을 위한 유기탄소원은 세균은 0.1~2%, 효모와 곰팡이는 5% 정도가 요구된다. 식품의 발효를 위한 유기탄소원은 10~15%가 요구된다.

② 질소원(Nitrogen sources)

탄소원과 마찬가지로 질소원은 미생물 생육을 위한 에너지원으로 사용된다. 또한 질소는 단백질, DNA, RNA와 같은 물질을 합성하기 위한 원료물질이다. 유기질소원으로 다양한 물질이 사용되기는 하나 대부분의 미생물은 아미노산, 펩티드, 단백질을 가장 많이 사용한다. 특히 유산균의 생육에는 아미노산을 필수적으로 요구한다. 효모의 생육에는 단백질은 사용되지 않는다. 무기질소원으로 많은 미생물은 암모니아 NH_4를 사용할 수는 있으나 질산염 NO_3과 아질산염 NO_2을 사용하는 세균은 많지 않다. 그러나 *Aspergillus*와 같은 곰팡이는 질산염과 아질산염을 잘 사용하며, 이 염들을 질소원으로 사용하는 미생물은 세포 내에 효소를 지니고 있어 아미노산으로 전환시켜 사용할 수 있다. *Rhizobium*과 *Azotobacter*와 같은 질소고정균 Nitrogen fixer은 대기중의 질소를 이용하기도 한다.

미생물의 생육을 위해 질소원은 0.1~0.5% 농도가 요구된다.

③ 무기염류 공급원(Inorganic salt sources)

무기염류는 미생물세포의 구성성분이며, 세포 내 삼투압 조절·유지와 각종 대사과정의 조효소로 작용한다.

- 황 S : 시스테인, 시스틴, 메티오닌과 같은 함황아미노산과 비오틴, 티아민과 같은 비타민의 구성성분이며, 황산염 SO_4^{2-}으로 주로 공급된다.
- 인 P : 탄수화물 대사와 호흡계에서 ATP, ADP, NAD 등의 조효소의 구

표 7-3 미생물이 생산하는 각기 다른 세포외효소

생산균주	세포외효소
Bacillus cereus	Amylase, Protease, Lecithinase
Pseudomonas fluorescens	Protease, Lipase
Staphylococcus aureus	Protease, DNase, Lecithinase
Aspergillus spp.	Pectinase
Aspergillus niger	Amylase
Aspergillus oryzae	Protease
Erwinia carotova	Pectinase
Salmonella spp.	세포외효소 생산하지 않음
Escherichia coli	세포외효소 생산하지 않음

성성분이며, 인산염 $H_2PO_4^-$으로 공급된다.

- 기타 원소들 : 마그네슘 Mg, 칼륨 K, 칼슘 Ca, 나트륨 Na, 아연 Zn 및 철 Fe이 무기이온의 형태로 공급된다.

④ 고분자 영양원(Micronutrient sources)

미생물세포에 의해 만들어지는 세포외효소는 고분자 물질을 가수분해하여 세포가 쉽게 흡수, 사용할 수 있도록 한다. 그러나 모든 미생물이 세포외효소를 만드는 것은 아니며 각 미생물마다 제각기 다른 하나 또는 하나 이상의 세포외효소를 만든다. 이런 각기 다르게 생산된 세포외효소는 미생물을 명명하는데 활용될 수 있다.

- 전분분해효소 : Amylase는 전분을 엿당으로 가수분해한다.
- 지질분해효소 : Lipase는 지질을 지방산과 글리세롤로 가수분해한다.
- 핵산분해효소 : DNase는 핵산을 뉴클리오티드로 가수분해한다.
- 단백질분해효소 : Proteinase는 단백질을 아미노산으로 가수분해한다.
- 펙틴분해효소 : Pectinase는 펙틴을 갈락투론산으로 가수분해한다.

- 레시틴분해효소 : Lecithinase는 레시틴을 Diglyceride와 Phosphoryl choline으로 가수분해한다.

⑤ 생육인자(Growth factors)

미생물 생육에 필수적인 유기영양물질을 스스로 세포 내에서 합성할 수 없기 때문에 세포 외부 환경 중의 유기영양물질을 사용하여 미생물 생육에 필수적인 세포의 구성성분을 합성한다. 이때 사용되는 영양물질을 미생물의 생육인자 Growth factors라고 하며, 미생물의 종류에 따라 요구되는 유기영양물질의 종류와 정도는 다르다. 미생물의 생육인자는 아미노산, 염기(퓨린과 피리미딘) 및 비타민을 포함한다.

- 아미노산 : 효소를 포함한 미생물세포의 단백질 합성을 위해 사용된다.
- 염기(퓨린과 피리미딘) : 미생물세포의 핵산(DNA와 RNA) 합성을 위해 사용된다.
- 비타민 : 미생물세포대사의 효소 보조인자로 사용된다.

일반적으로 세균, 곰팡이, 효모는 비타민을 세포 내에서 스스로 합성할 수 있기 때문에 미생물 배지에 비타민을 첨가하지 않고 배양한다. 그러나 유산균은 비타민 B군 없이는 배양이 안되기 때문에 비타민 B군이 이 균의 생육인자로 작용한다. *Salmonella typhi*는 아미노산, 퓨린 및 피리미딘을 세포 내에서 스스로 합성할 수 있는데 트립토판은 합성할 수 없어서 트립토판을 배지에 첨가시켜서 배양하면 생육이 가능해진다. 따라서 이 균의 생육인자는 트립토판이 된다. 효모의 생육인자는 비오틴, 판토텐산, 이노시톨, 티아민, 피리독신 및 니코틴산의 비타민 총 6종이 있다. 맥주상면발효효모인 *Saccharomyces cerevisiae*와 맥주하면발효효모인 *Saccharomyces carlsbergensis*는 비타민인 판토텐산과 비오틴을 생육인자로 각각 요구한다.

이와 같이 미생물들은 생육인자에 대한 특별한 요구를 가지고 있기 때문에

표 7-4 미생물의 종류에 따른 3가지 생육인자

미생물	아미노산	염기	비타민
Salmonella typhi	트립토판	관계없음	관계없음
Staphylococcus aureus	아르기닌, 시스테인, 페닐알라닌	관계없음	티아민, 나이아신
Streptococcus lactis	관계없음	관계없음	리보플라빈, 피리독신
Lactobacillus fermenti	관계없음	관계없음	티아민
Lactobacillus casei	관계없음	관계없음	엽산
Aspergillus niger	관계없음	관계없음	관계없음
Proteus vulgaris	관계없음	관계없음	나이아신
Proteus morganii	관계없음	관계없음	판토텐산
Mucor hiemalis	관계없음	관계없음	티아민
Saccharomyces cerevisiae	관계없음	관계없음	판토텐산
Saccharomyces carlsbergensis	관계없음	관계없음	비오틴
Escherichia coli	관계없음	관계없음	관계없음
Bacillus natto	관계없음	관계없음	비오틴

미생물을 이용하여 식품과 사료 중의 영양물질의 질량을 알아낼 수 있다. 이런 미생물 분석방법을 생물학적정량법 Bioassay이라고 한다.

영양물질과 생육인자의 차이는 영양물질은 미생물에 의해 흡수 분해되고 세포의 구성성분으로 상대적으로 많은 양을 필요로 하지만 생육인자는 미생물세포 내에서 분해되지 않고 세포의 구성성분으로 미량만 필요하다.

2) 산소(Oxygen)와 산화환원전위(Oxidation-Redox Potential)

(1) 산소의 사용유무와 관련된 미생물의 분류

미생물은 주변 환경 중의 산소요구성과 산소반응성에 따라 매우 다른 생육양상을 보인다. 이는 미생물이 생육에너지를 생산하는 서로 다른 대사계 때문이다. 호기적 미생물은 에너지 생산을 위해 호기적 대사를 통해 산소를 공급받고 혐기적 미생물은 산소의 공급 없이 에너지를 생산하는 혐기적 대사를 통해 생육한다. 산소요구성과 산소반응성에 따라 4가지 종류로 분류한다.

① 편성(절대)호기성 미생물(Obligate aerobes 또는 strict aerobes)

에너지를 생산하는 데 반드시 산소를 요구하며 산소가 없으면 생육이 불가능하다. 이 분류에 속한 미생물의 화학적 에너지 생산은 해당과정 Glycolysis, 구연산회로 Tricarboxlic acid cycle 및 전자전달계 Electron transport system의 3단계 유기호흡 대사과정을 거쳐 생산한다. 이 유기호흡(호기적호흡, Aerobic respiration)을 거쳐 1몰의 포도당이 완전 산화되어 최종적으로 38ATP를 생성한다. 대부분의 곰팡이, 조류, *Pichia*, *Hansenula* 등의 효모 및 *Acetobacter*, *Psudomonas*, *Bacillus*, *Micrococcus* 등의 다수의 세균이 이 분류에 속한다.

호기적 호흡 : 포도당 + 산소 → 물 + 이산화탄소, 38ATP

② 통성혐기성 미생물(Facultative anaerobes)

환경 중의 산소의 존재 유무에 관계없이 생육하나 산소가 존재하는 환경에서 더 잘 생육한다. 산소가 존재하는 환경에서의 통성혐기성 미생물은 편성호기성 미생물과 마찬가지로 3단계 유기호흡 대사과정을 거쳐 화학에너지를 생산한다. 산소가 존재하지 않는 환경에서의 통성혐기성 미생물은 발효 Fermentation 과정을 거쳐 화학적 에너지를 생산한다. 장내세균과 Enterobactericeae에 속하는 *Escherichia coli*, *Salmonella*, *Staphylococcus aureus*, 맥주발효효모인 *Saccharomyces cerevisiae* 및 유산균 Lactic acid bacteria 등이 이 분류에 속한다.

통성혐기성 미생물 중 환경 중의 산소의 존재 유무에 관계없이 두 가지 환경 모두에서 같은 종류의 대사산물과 같은 양의 화학에너지를 생산하는 유산균을 산소·비의존성 미생물 Oxygen independent microorganism이라고 한다.

알코올 발효 : 포도당 → 에탄올 + 이산화탄소, 2ATP

유산 발효 : 포도당 → 유산 + 이산화탄소, 2ATP

③ 미호기성 미생물(Microaerophiles)

생육을 위한 환경 중의 산소를 요구하기는 하나 대기중의 산소농도 20%에서는 생육하지 못하고 대기중의 산소농도보다 낮은 농도에서만 생육이 잘된다. 병원성식품미생물인 *Campylobacter jejuni*가 이 분류에 속한다.

④ 편성(절대)혐기성 미생물(Obligate 또는 strict anaerobes)

환경 중의 산소는 편성(절대)혐기성 미생물의 생육에는 독으로 작용하여 미생물을 죽게 한다. 따라서 편성(절대)혐기성 미생물은 산소가 없는 환경에서만 생육할 수 있다. 산소가 존재하면 대사에 의해 독성물질인 과산화수소 Hydrogen peroxide: H_2O_2를 생성시키고 산화환원전위를 상승시켜 생육하지 못하게 한다. 주변의 흙, 늪, 하천, 바다, 통조림식품, 동물의 장관, 지하수 등의 자연환경이 대표적인 혐기적 환경이다. 통조림 식품의 식중독을 일으키는 병원성세균인 *Clostridium botulinum*

그림 7-4 산소사용 유무에 따른 미생물의 분류

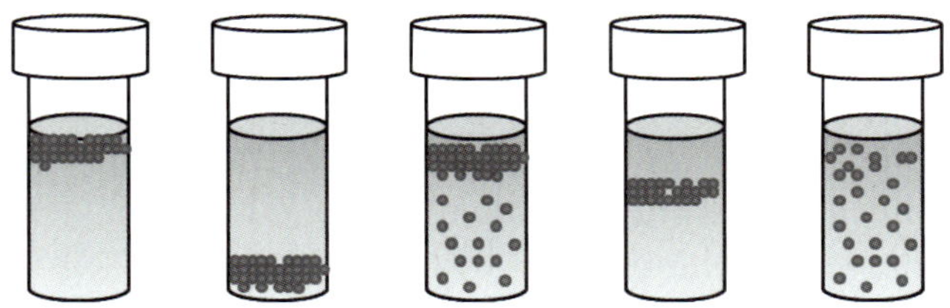

표 7-5 산소요구성과 산소반응성에 따른 대표적인 병원성식중독 미생물

산소요구성과 산소반응성	병원성식중독 미생물
편성호기성	Mycotoxigenic moulds
편성혐기성	*Clostridium botulinum* *Clostridium perfringens*(내산소편성혐기성)
통성혐기성	*Salmonella* spp. *Yersinia enterocolitica* Pathogenic *Escherchia coli* 황색 *Staphylococcus aureus* *Bacillus cereus* *Listeria monocytogenes* *Vibrio parahaemolyticus* *Enterobacter sakazakii*
미호기성	*Campylobacter jejuni*

이 이 분류에 속한다.

같은 *Clostridium* spp.에는 속하는 *C. perfringens*는 산소를 이용하지는 못하나 편성혐기성균과는 달리 산소가 있어도 사멸하지 않고 어느 정도의 산소농도에 내성을 가지고 있기 때문에 내산소혐기성균 Aerotolerant anaerobes이라고도 한다.

(2) 미생물의 생육과 관련된 산소독성

세균은 전자전달계에서 전자운반체 Electron carrier에 의해 전자와 산소가 결합하여 화학에너지를 얻으며, 이 대사과정에서 중간독성물질인 과산소 Superoxide: O_2^-● 와 과산화수소 Hydrogen peroxide: H_2O_2가 발생된다. 이 두 독성물질로 인해 미생물세포는 상해를 입게 된다. 그러나 편성호기성 미생물, 통성혐기성 미생물 및 미호기성 미생물은 세포 내에 이 두 물질을 분해시키는 Superoxide dismutase SOD, Catalase, Peroxidase가 존재하기 때문에 이 독성물질로부터 세포를 보호할 수 있다. SOD는 과산소를 산소와 과산화수소로 전환시키며, Catalase와 Peroxidase 효소는 과산화수소를 안전한 물로 전환시킨다.

SOD 촉매 반응 : $2O_2^-\cdot + 2H^+ \rightarrow 2H_2O_2 + O_2$

Catalase 촉매 반응 : $2H_2O_2 \rightarrow 2H_2O + O_2$

Peroxidase 촉매 반응 : $H_2O_2 + NADH + H^+ \rightarrow 2H_2O + NAD^+$

한편 편성혐기성 미생물은 과산화물을 분해하는 SOD와 Catalase를 세포 내에 가지고 있지 않기 때문에 산소에 대한 독성을 일으키게 되어 사멸하게 된다.

(3) 식품의 산화 · 환원 전위와 미생물 생육

미생물 생육과 관련하여 환경 중의 산소반응성에 대한 각기 다른 산화환원전위 Oxidation-Reduction Potential: ORP 또는 Eh값을 가진다. 산화환원전위는 기질이 전자를 잃느냐 또는 얻느냐를 나타내는 지표로서 두 물질 사이에서의 전자의 이동이 발생할 때의 전위차 millivolts: mV로 측정된다. 호기성미생물은 양(+)의 Eh값을 갖는 산화적 환경에서 혐기성미생물은 음(–)의 Eh값을 갖는 환원적 환경에서 자란다.

고체 식품의 식품 표면은 대기중의 공기와 접촉하기 때문에 양의 mV를 가지고 공기와 직접적인 접촉이 안되는 식품 내부는 음의 mV를 갖는다. 또한 이런 식품의 표면에서는 편성호기성 미생물과 통성혐기성 미생물의 생육이 왕성해진다.

원유와 주스 등과 같은 액체식품은 +200mV ~ +400mV 값을 가지기 때문에 대부분 호기성균과 곰팡이에 의한 부패가 발생하기 쉽다.

가공처리에 따른 식품의 산화환원 전위값이 존재한다. 원유가공 시의 착유와 병입 단계에서 공기의 유입으로 인해 환원전위값이 증가한다. 식재료를 잘게 썰거나 다질 때 재료의 부피 증가로 인한 공기와 접촉하는 표면적이 넓어져서 환원전위값이 증가한다. 고기도체의 경우 내부는 −150mV이고 간고기는 +200mV를 갖는다. 통조림 식품의 경우, 가열처리에 의해 식품 중의 산소를 제거하고 환원물질을 증가시켜 음의 환원전위값을 갖는다. 따라서 이 경우의 환경에서는 편성혐기성균과 통성혐기성균이 생육하게 된다. 포장식품에서는 대기중의 산소로부터 식품이 차단되기에 낮은 환원전위값을 갖는다. 따라서 포장공정은 호기성균에 의한 식품의 부패를 어느 정도는 막을 수 있다.

3) 수분과 수분활성도

미생물의 생육을 위해서 순수한 물과 식품 중에 존재하는 모든 수분이 사용되는 것은 아니며, 식품 중의 수분은 자유수와 결합수의 2가지 수분이 존재한다.

(1) 식품 중의 수분(Water)과 수분활성도(Water activity)

식품에는 식품의 조직을 구성하지도 않으며 식품 내에서 어떤 성분과도 결합하지 않고 환경 중의 온도와 습도의 변화에 의해 자유로이 열역학적인 운동을 할 수 있기 때문에 미생물의 생육에 이용되는 자유수 Free water가 있다. 이와는 반대로 식품의 조직을 구성하는 유기영양물질과 수소결합 Hydrogen bond을 하고 있는 결합수 Bound water가 있는데 이 수분은 미생물의 생육에는 이용되지 못하는 물이다.

그런데 식품 중의 자유수의 양은 주위 대기환경에 따라 일정하게 유지되는 것이 아니고 주위의 대기가 건조하여 상대습도가 낮아지면 식품 자체의 수분이 증발하여 감소하게 되고 대기의 습도가 높으면 식품은 주위의 수분을 흡수하여 오히려 증가하게 된다. 또한 포장하거나 용기에 넣는다고 하더라도 그 평형 수분함량은 온도에 따라서 변화한다. 따라서 대기중의 상대습도 Relative humidity와 온도를 고려한 것을 식품의 수분활성도 Water activity로 표시한다. 실제적으로 미생물 생육에 필수적으로 이용되는 수분은 식품의 전체 수분함량보다는 수분활성도의 개념을 사용하는 것이 바람직하다.

수분활성도란 어떤 식품이 임의의 온도에서 그 식품의 수증기압에 대한 같은 온도에서의 순수한 물의 수증기압의 비로 정의된다.

$$\text{수분활성도} = \frac{\text{식품(물질 또는 용액) 중의 수증기압}(P_f)}{\text{같은 온도에서의 순수한 물의 수증기압}(P_w)}$$

$$Aw = \frac{\text{용매의 몰수}(N_1)}{\text{용매의 몰수}(N_1) + \text{용질의 몰수}(N_2)}$$

식품 중의 수분함량은 주위 대기 환경 중의 수분함량 사이에 수분의 입출이 발생하게 되어 결국 환경 중의 수분과 평형상태에 이르게 된다. 즉 식품과 평형상태를 이루고 있는 대기중의 수분함량을 평형상대습도 Equilibrium relative humidity라고 한다.

$$ERH = Aw \times 100$$

(2) 수분활성도에 따른 미생물의 생육

대부분의 미생물은 수분활성도 1에 가까울수록 왕성한 생육을 보이나 미생물의 종류에 따라 생육을 위한 가장 선호되는 최적의 수분활성도가 존재한다. 일반적으로 세균의 경우 다른 효모나 곰팡이에 비하여 수분활성도에 매우 민감한 생육 반응을 보이고 효모나 곰팡이는 낮은 수분활성도에도 잘 견디고 생육한다. 미생물의 수분활성도 범위는 0.99~0.61이고 수분활성도가 0.61 이하에서는 대부분의 미생물 생육은 불가능하고 특정 미생물만이 생육할 수 있다.

미생물 분류에 따른 생육에 필수적인 최저 수분활성도는 다음 표 7-6 에 나타내었다.

표 7-6 미생물 생육의 최저수분활성도

미생물분류	최저수분활성도(Aw)	대표적 예
일반세균	0.91	*Bacillus cereus* *Escherichia coli* *Lactobacillus* 등
일반효모	0.88	대부분의 효모
일반곰팡이	0.80	대부분의 곰팡이
호염세균	0.75	*Vibrio parahaemolytics* *Halobacterium salinarium*
내삼투압성효모	0.60	*Saccharomyces rouxii* *Saccharomyces cerevisiae*
내건성곰팡이	0.65	*Aspergillus chevalieri* *Aspergillus repens*

(3) 수분활성도가 미생물의 생육에 미치는 영향

최적의 수분활성도 이하에서는 미생물의 생육곡선 Growth curve상에 다음과 같은 변화를 보인다.

- 생육 유도기 Lag phase가 길어진다.
- 생육 성장기 Log phase의 속도 Growth rates가 저하된다.
- 정지기 Stationary phase에 도달한 세포의 수가 감소한다.
- 사멸기 Death phase에 세포가 급격하게 죽는다.

표 7-7 설탕과 식염농도에 따른 수용액상의 수분활성도

설탕농도(%)	식염농도(%)	수분활성도(Aw)
0	0	1.00
0.92	0.87	0.995
3.42	3.5	0.98
6.5	7	0.96
14	16.2	0.90

식품에 설탕, 식염 및 당알코올을 첨가하거나 식품의 건조 Drying, 냉동 Freezing, 동결건조 Freeze drying 등의 방법은 식품의 수분활성도를 낮춤으로 미생물의 생육을 느리게 하거나 저지할 수 있게 하여 식품의 부패를 방지하는 주요방법이다.

(4) 식품의 수분활성도

순수한 물과 무수물의 수분활성도는 각각 1과 0이며 용질의 농도가 증가함에 따라 1로부터 감소하여 0에 가까워진다. 식품의 수분활성도는 0~1이며 식품별 수분활성도는 다음 표에 나타내었다.

표 7-8 식품분류별 수분활성도

수분분류	수분활성도	식품분류	식품
다량수분식품 High moisture foods	0.99~0.95	천연식품	과일, 야채, 고기, 생선 등
	0.95~0.90	육가공류, 유가공품, 밀가루가공품	햄, 베이컨, 소시지, 빵, 발효치즈, 버터
중간수분식품 Intermediate moisture foods	0.90~0.80	어류건조식품	건멸치, 건오징어 등
	0.80~0.61	과일건조식품, 당장식품, 훈연식품, 염장식품	건과일, 잼, 훈연오징어, 절인생선 등 소량
소량수분식품 Low moisture foods	0.61 이하	분말식품, 고당함유식품	건양념, 분유, 밀가루, 초콜릿 등

4) 온도

(1) 미생물의 생육온도

온도는 미생물의 생육과 관련된 매우 중요한 환경인자의 하나로서 미생물세포의 효소촉매 반응에 의해 기본 생육온도가 결정된다. 미생물 종류에 따라 생육할 수 있는 온도의 범위는 영하 7℃에서 75℃까지 매우 다양하다. 환경 중의 온도가 상승하면 효소촉매 반응이 가속화되어 미생물의 생육속도를 증가시킨다. 온도가 약 10℃ 상승할 때마다 세포 반응의 속도는 두 배로 증가하면서 효소 반응을 포함한 전체적인 세포대사활동도 왕성하게 진행되어 생육이 빨라진다. 그러나 이 온도를 넘어서게 되면 단백질, 핵산 등과 같은 세포구성물질의 비가역적 변성을 초래하여 점차적으로 미생물세포의 기능을 잃게 되고 결국에는 사멸하게 된다.

따라서 모든 미생물은 각기 고유의 생육을 위한 특정 온도범위를 가지는데 이를 기본생육온도 또는 주요생육온도 Cardinal temperature라고 하며, 최저 생육을 보이는 최저온도 Minimum temperature와 최고온도 Maximum temperature 및 최고의 생육을 보이는 최적온도 Optimum temperature로 구성되어 있다. 최적온도는 최저온도보다 최고온도 쪽에 더 가깝고 최저온도와 최고온도는 미생물의

그림 7-5 효소촉매 반응과 관련된 주요생육온도(Cardinal temperature)

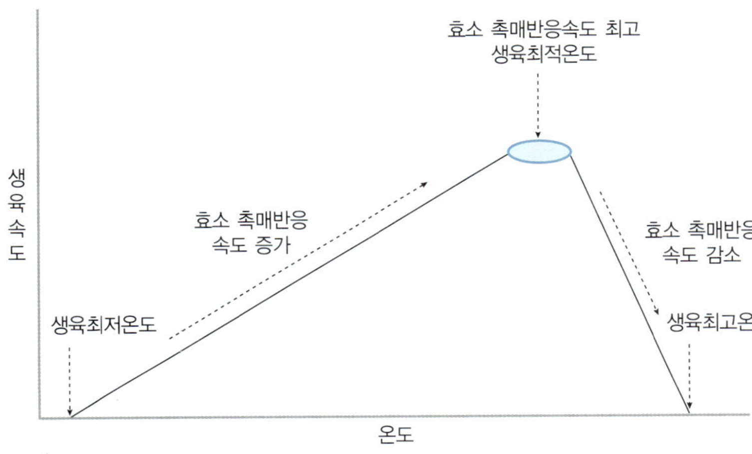

생육과 관련된 주변 환경(예: 영양물질, 수분활성도, pH, 산화환원전위 등)에 의해 영향을 받는다. 주변의 환경인자들이 최적조건을 만족시키지 못할 경우 최저성장온도는 올라가고 최고성장온도는 내려가게 된다.

(2) 미생물의 최적생육온도에 따른 미생물의 분류

미생물의 생육최적온도에 따라 3가지 미생물 종류로 분류한다.

① 호냉성미생물(Psychrophiles)

저온환경(-5~20℃, 최적 15℃)에서 생육하는 미생물을 호냉성미생물 Psychrophiles이라고 하며, 이 분류 중 7℃ 이하의 낮은 온도에서 생육이 가능한 미생물을 저온성미생물 Psychrotrophs이라 한다. 저온성미생물은 냉장고와 같은 저온에서의 식품의 부패와 식중독을 야기시키는 일부 부패미생물 Spoilage microorganism과 병원성미생물 Pathogenic bacteria을 포함하고 있다. 이 중 *Alcaligenes*, *Pseudomonas* 등은 특히 우유, 어패류, 육류, 알류, 곡류 및 신선채소류 등의 냉장식품에 증식하여 부패를 일으키기 쉽다. *Listeria monocytogenes*는 원유, 아이스크림, 신선편의식품 등에서 분리하기 쉬운 대표적 저온성식중독 균이다.

② 호온성미생물(Mesophiles)

주변온도 Ambient temperature, 즉 중온환경(10~45℃, 최적 35℃)에서 생육하는 미생물을 호온성 또는 중온성미생물 Mesophiles이라고 한다. 온혈동물의 장내세균, 토양세균 및 세균성식중독을 일으키는 *Salmonella*, *Stapylococcus aureus*, *Clostridium botulinum*, *Campylobacter jejuni*, *Bacillus cereus* 및 Pathogenic *Escherichia coli* 등이 이 분류에 속한다. 실내온도에서는 미생물의 생육속도가 빨라지고 효소활성도 왕성해지기 때문에 식품의 부패는 매우 빠르게 진행된다.

표 7-9 생육온도(Growth temperature)에 따른 미생물의 분류

미생물	기본생육온도	
	온도범위(최저 ~ 최고)	최적온도
호냉성(Psychrophiles)	–5~20℃	15℃
호온성(Mesophiles)	10~45℃	35℃
호열성(Thermophiles)	45~70℃	55℃

③ 호열성미생물(Thermophiles)

온천, 퇴비, 여름햇볕에 노출된 토양, 화산지대 등의 고온환경(45~70℃, 최적 55℃)에서도 생육이 가능한 미생물을 호열성 또는 고온성미생물 Thermophiles 이라고 한다. 통조림식품의 가공에 있어서 고온의 열처리에도 살아남을 수 있는 포자형성균인 *Bacillus stearothermophilus*와 *Bacillus coagulans*는 저산성 통조림식품의 Flat sour(통조림 내부는 팽창하지 않으나, 내용물이 산패한 상태인 무가스 상태) 부패를 일으킨다. 또한 *Clostridium sporogenes*는 부패취와 이산화탄소, 수소가스를 생성하여 캔을 부풀게 한다. 80℃ 이상의 초고온에서도 생육할 수 있는 균을 극호열성미생물 Extreme thermophiles이라고 한다.

(3) 저온과 고온환경이 미생물 생육에 미치는 영향

10℃ 이하의 냉장온도에 식품을 저장하는 경우 저온성미생물인 *Flavobacterium*, *Pseudomonas*, *Micrococcus*, *Penicillium*, *Mucor*, *Torulopsis* 및 *Candida*가 증식하게 되므로 3~5일 후에 식품이 부패를 일으키게 된다. 그러나 일반적으로 저온에서는 다른 분류의 미생물 생육이 억제되거나 정지되고 식품의 효소는 제 기능을 하지 못하기 때문에 저온냉장은 식품의 저장법으로 널리 사용되고 있다.

한편 중온성미생물은 식품을 냉장온도로 냉각시키는 과정과 오랜 시간 냉장상태에 있는 식품에서 저온장해 Cold injury를 일으키게 된다. 실온에 있는 식품을 냉장온도로 냉각하는 과정에서 미생물세포는 찬 기운 노출로부터 직접적인

쇼크를 얻게 되어 장해를 얻게 된다. 이 경우 세포막 구조의 변화가 생겨 세포 내의 대사산물이 세포 밖으로 용출되기 때문에 미생물은 손상을 입게 된다. 또한 냉장온도에서 수일에 걸쳐 식품을 저장하는 동안 미생물세포는 외부와의 물질교환이 제대로 이루어지지 못하기 때문에 독성대사물질의 과잉 생산과 주요대사산물의 결핍의 이상대사에 의해 세포는 기아에 이르게 된다. 그러나 이런 저온장해에 의해 병원성 미생물이 손상되었을지라도 감염능력은 여전히 보유하고 있기 때문에 식품의 온도가 다시 실온으로 상승한다면 세포는 다시 생육능력을 보일 수 있다.

-0.5~-3.0℃에서 식품은 냉동 Freezing이 된다. 냉동된 환경에서는 대다수의 미생물의 생육은 불가능하기 때문에 냉동법도 매우 우수한 식품저장법 중의 하나로 사용되고 있다. 그러나 냉동식품 중 전체 균체량의 40~90%는 생육이 억제된 것이지 완전 사멸된 것은 아니며 10~60%의 세포만이 손상을 입거나 사멸하게 된다.

냉동저장 기간에 장해를 입은 세포로부터 산패를 일으키는 지방분해효소 Lipase나 조직을 파괴하는 단백질분해효소 Proteinase가 생산되어 제품이 부패될 수 있다. 아울러 냉동식품을 실온으로 해동시키는 과정에서 식품조직이 손상되는 경우에 있어서도 미생물이 증식하여 부패가 일어나기도 한다.

미생물은 본래의 그 최고성장온도보다 10℃ 이상 높은 온도를 가하면 사멸하기 때문에 대부분의 비포자형성부패균이나 병원균은 60℃에서 30분간 가열처리하여 사멸시킨다. 그러나 통조림식품의 부패의 주 원인균인 *Bacillus*나 *Clostridium*의 포자는 열에 대한 내성을 지니고 있기 때문에 100℃에서 30분

표 7-10 통조림식품의 pH와 가열시간 및 가열온도

통조림식품	pH	가열시간(분)	가열온도(℃)
귤	3.5	10~15	80
토마토	5.1	20~40	100
감자	6.2	50~70	115
옥수수	6.9	60~80	120

간 가열해도 사멸되지 않는다. 따라서 120℃의 가압증기살균법으로 통조림식품을 가공한다.

내열성 세균은 중성적 환경에서 열에 가장 강한 생육양상을 보이나 산성 또는 알칼리성 환경에서는 좀더 약한 생육양상을 보인다. 따라서 과일산성통조림식품은 어육류 · 옥수수 통조림 식품에 비하여 비교적 낮은 가열시간과 가열온도로 처리된다.

5) pH

일반적으로 화학에서 말하는 pH란 용액 중의 수소이온의 해리농도의 역수를 취한 대수값을 의미하는 것으로 용액의 산성도를 나타내는 지표로 사용된다. pH 7을 기점으로 pH가 낮으면 산성이고 높으면 알칼리성이며 pH 6은 pH 7에 비하여 10배의 산성도를 지님을 뜻한다.

$$[H^+] = [OH^-] = 1 \times 10^{-7} \text{ mol/L}$$

$$pH = \log \frac{1}{[H]} = -\log[H^+]$$

(1) pH와 미생물의 생육

미생물의 생육 및 생육관련 대사 반응은 주변 환경의 수소이온농도 pH에 의해 영향을 받는다. 미생물 분류에 따라 최저 Minimum, 최적 Optimum, 최고 Maximum의 생육 pH는 각기 다르나 대부분의 자연환경이 pH 5~9이기 때문에 대부분의 미생물은 이 범위 내에 최적 pH를 갖는다.

세균, 효모 및 곰팡이의 생육 가능한 pH를 다음 표 7-11에 기술하였다.

표에 나타낸 것처럼 대부분의 세균은 중성 부근에서 최적 pH를 갖고 있고, pH 4 이하 또는 9 이상에서는 생육이 안된다. 그러나 유산균 Lactic acid bacteria과 낙산균 Butyric acid bacteria은 산성 부근에서 최적 pH인 5.5~6.0을 갖고 있으며 pH 3.5까지도 생육이 가능하다. 또한 질산균 Nitrobacteria은 pH 10인

표 7-11 세균, 효모 및 곰팡이의 생육 pH

분류	최저 pH	최고 pH	최적 pH
그람양성세균	4.0	8.5	6.8~7.2
그람음성세균	4.5	9.0	6.8~7.2
효모	2.0	8.5	4.5~5.5
곰팡이	1.5	9.0	4.5~6.8

강알칼리에서도 생육이 가능하다.

세균에 비하여 효모와 곰팡이는 산성 환경에 비교적 잘 생육하는 특성을 보이며 *Saccharomyces cerevisiae*와 *Penicillium*에는 pH 2 이하의 강산성 환경에서도 생육하는 내산성 진균도 있다.

따라서 일반적으로 산성식품에는 유산균, 곰팡이, 효모 등이 증식하기 쉬우며 중성 및 알칼리성식품에는 세균이 증식하기 쉽다.

(2) pH가 미생물 생육에 미치는 메커니즘

미생물은 외부 환경 중의 수소이온 H^+과 수산화이온 OH^-이 세포막에 의해 통과되지 못하기 때문에 세포 내부는 중성의 항상성 Homeostasis을 유지할 수 있게 된다. 그러나 극단적인 pH 환경과 만나게 되는 경우 세포막은 손상을 입게 되어 환경 중의 H^+ 또는 OH^-이 세포막을 통해 내부로 유입됨으로 세포 내부의 항상성은 무너지게 된다. 결국 세포 내부의 주요대사물질인 효소와 핵산 등이 변성을 일으키게 되어 세포는 사멸하게 된다.

약산인 유기산 Organic acids 역시 미생물의 생육을 억제하거나 사멸시킬 수 있다. 유기산의 비해리형 분자 RCOOH는 미생물의 세포막을 통과하기 때문에 세포 내에서 $RCOO^-$와 H^+으로 해리되고 해리된 많은 H^+으로 인해 세포 내부의 pH는 낮아지게 된다. 따라서 미생물은 세포 내부의 적정 pH를 유지하기 위해 세포 내부의 H^+을 세포 밖으로 지속적으로 배출시키는 기작을 반복함으로 에너지를 소모하게 하고 이로 인한 세포대사와 생육에 필요한 에너지의 고갈과 세포 내에 축적된 $RCOO^-$가 단백질과 DNA 합성을 방해함으로써 미생물은 사멸하게 된다.

$$RCOOH \rightarrow RCOO^- + H^+\text{(세포 내부)}$$

(3) 식품의 pH

대부분의 식품의 pH는 계란을 제외하고는 산성과 중성이고 미생물의 생육과 관련하여 세균은 게, 새우, 생선, 우유 등의 식품에서 증식하기 쉽고, 유기산이 비교적 많이 함유된 사과, 포도, 레몬, 딸기 같은 산성과일에는 효모나 곰팡이가 증식하기 쉽다.

그러나 일단 식품에 미생물의 생육이 시작되면 식품의 고유 pH는 변화하게 된다. 유산생성균인 *Streptococcus*와 *Lactobacillus*가 우유에 증식하게 되면 대사산물인 유산이 생성되어 우유의 pH는 낮아지고, 저온 보관된 고기에 *Pseudomonas*가 증식하게 되면 암모니아를 생산하여 고기의 pH는 높아진다. 과일과 야채에 비하여 단백질을 비교적 많이 함유한 육류는 단백질에 의한 우수한 완충력 Buffering capacity을 보유하고 있기 때문에 pH 변화에 대해 어느 정도 대응할 수 있다.

표 7-12 식품의 pH

식품	pH	식품	pH
쇠고기	5.1~6.2	사과	2.9~3.3
닭고기	6.2~6.4	포도	3.4~4.5
생선	6.6~6.8	레몬	2.2~2.4
새우	6.8~7.0	딸기	3.9~4.6
굴	5.1~6.3	배	3.7~4.7
우유	6.3~6.5	당근	5.0~6.0
버터	6.1~6.4	상추	6.0
계란	8.6~9.6	감자	5.3~5.6

3. 미생물의 배양배지와 생육측정법

1) 배지의 사용목적과 성분

(1) 배지의 사용목적

실험실에서 미생물의 증식, 보관, 동정 및 영양소와 항생물질 등의 분석을 위해 사용되는 배지에는 인공적 영양환경의 액체배지 Liquid medium 또는 Broth와 한천 Agar이 함유되어 있어 고체화되는 고체배지 Solid medium가 있다.

(2) 복합배지(Complex medium)와 제한배지(Defined medium)

미생물은 종류에 따라 영양요구성이 다르기 때문에 배지의 사용목적에 따라 성분도 다양하나 일반적으로 배지의 주요성분으로 가장 많은 것은 펩톤, 효모추출물 Yeast extract 및 육즙 Meat extract 등이다. 이런 성분을 함유한 배지를 복합배지 Complex medium라고 하며, 이 배지에는 화학성분이 밝혀지지 않은 기타 다른 성분이 포함되어 있기 때문에 불명확성분배지라고도 한다. 복합배지는 이처럼 다양한 영양물질이 충분히 함유되어 있기 때문에 여러 종류의 미생물이 하나의 배지에서 함께 생육할 수 있다.

배지의 화학적 성분이 밝혀진 배지를 명확성분배지 또는 제한배지 Defined medium라고 하며, 대부분의 화학종속영양미생물은 탄소원인 포도당과 질소원인 암모늄염이 함유된 배지에서 생육이 가능하다.

2) 배지의 사용 목적에 따른 분류

(1) 일반영양배지(General nutrient medium)

이 배지는 선택배지와는 배치되는 개념으로 모든 생육인자를 함유한 영양물질로 구성되어 일반적인 대다수의 세균, 곰팡이 또는 효모를 배양하는 데 사용하기 때문에 일반영양배지 General nutrient medium 또는 일반목적배지 General purpose medium라고 한다.

Nutrient Agar/Broth NA, Plate Count Agar PCA, Tryptone Dextrose Agar TDA 및 Brain Heart Infusion Agar BHIA 등은 대다수의 일반세균의 배양을 위해 사용된다. Malt Extract Agar/Broth(MA), Potato Dextrose Agar PDA, Oxytetracycline Glucose Yeast Extract Agar OGYE 등은 대다수의 곰팡이와 효모의 배양을 위해 사용된다.

(2) 선택배지(Selective medium)

목적이 되는 미생물만을 증식시키고 다른 미생물의 생육은 억제시키는 영양물질 또는 화학물질이 함유된 배지를 선택배지 Selective medium라고 한다. 염 또는 당이 함유된 배지는 호염성균과 호삼투압성 세균의 배양을 위해 사용된다. 환원제가 첨가된 배지는 혐기성균의 배양을 위해 사용된다.

(3) 분별배지(Differential medium)

미생물의 특정한 생육변화를 고체배지상의 집락 Colony을 통해 쉽게 분별할 수 있도록 pH 지시약 또는 화학적 분별제가 첨가된 배지를 분별배지 Differential medium라고 한다. 유당이 함유된 Eosin Methylene Blue EMB 배지는 유당을 분해시켜 금속성 광택의 녹색의 집락을 형성하는 대장균과 유당을 분해시키지 못해 투명하거나 무색의 집락을 형성하는 살모넬라를 분별하는 데 사용된다.

(4) 강화배지(Enrichment medium)

다양한 종류의 미생물이 함께 배양되는 경우, 특정 미생물의 증식을 위한 목적으로 선택적인 성분을 함유한 배지를 강화배지 Enrichment medium라고 한다. 혈액이 함유된 Blood nutrient medium은 병원성세균의 증식을 강화시켜 병원성세균의 분리를 쉽게 한다. 또한 Sodium biselenite가 함유된 Broth는 *Salmonella* spp.를 제외한 다른 모든 미생물에는 독성을 나타내므로 살모넬라의 증식을 강화하는 데 사용된다.

3) 생육측정법

(1) 생균세포수 측정법(Viable count measurement)

한천배지상에 집락 Colony으로 형성되는 미생물집락을 계수하는 평판계수법 Plate count method은 가장 널리 사용되는 생균수 측정법의 하나이다. 평판계수법의 하나로 살아 있는 미생물이 담긴 시료를 희석하여 고체한천 배지 위에 도말한 후 일정시간 배양시켜 집락을 계수하는 표면평판법 Spread plate method이 있으며 이 방법은 열에 민감한 미생물과 편성호기성 미생물의 생균수 측정에 많이 사용된다. 주입평판법 Pour plate method은 평판계수법의 또 하나의 방법으로 희석된 샘플을 40~45℃의 한천이 들어 있는 액체배지와 잘 혼합하여 식힌 후 플라스틱 Plate 내에 부어 일정시간 배양시킨 후 집락을 계수하는 방법이다. 주입평판법을 사용할 경우, 열에 민감한 미생물세포가 손상을 입거나 사멸할 가능성이 있기 때문에 한천이 들어 있는 액체배지의 온도를 적절히 유지할 수 있도록 주의해야 한다.

형성된 각각의 집락이 단일세포가 아닐 수 있기 때문에 미생물의 생균수는 미생물의 수가 아니라 집락형성단위 Colony Forming Unit: CFU로 나타내며 일반적으로 유효한 집락의 수는 30~300개이다.

(2) 세포량 측정법(Turbidity measurement)

미생물세포의 양을 가장 간단하고 정확하게 측정하는 방법은 분광광도계 spectrophotometer를 사용하여 미생물세포가 빛에 의해 흩어지는 정도인 탁도 turbidity를 측정하는 것이다. 액체 배지에 많은 균이 있을수록 더 많은 빛이 분산되기 때문에 탁도는 증가하게 되며 탁도는 빛의 흡광도 absorbance의 단위로 표시된다. 이 방법은 현탁액의 탁도를 일정시간별로 연속적으로 측정하기 때문에 배양 중 미생물의 생육속도를 측정하는 데 편리하게 사용된다. 그러나 배양 도중 사멸된 세포량도 측정이 된다는 단점이 있다.

(3) 현미경 측정법(Microscope measurement)

배양된 미생물의 일정액을 검경판 Slide glass 위에 놓고 계수반 Counting chamber을 사용하여 현미경으로 직접 균수를 측정하는 방법이다. 이 측정법은 생균수와 사균수가 동시에 측정되어 구별하기가 힘들다.

미생물의 대사

Chapter 8

1. 탄수화물 대사
2. 아미노산 대사
3. 지질 대사

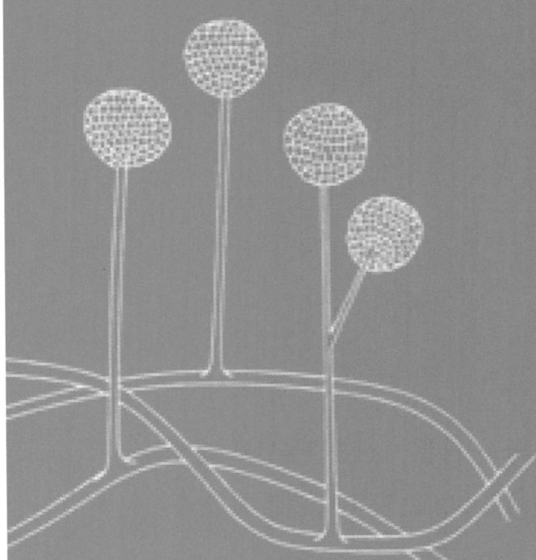

살아 있는 동식물과 마찬가지로 미생물 역시 생육을 위하여 환경으로부터 영양물질을 공급받아 세포 내에서 다양한 화학 반응을 일으켜 에너지를 생산한다. 세포 내의 에너지 생산과 관련된 일련의 화학 반응을 총칭하여 대사 Metabolism라고 하며, 일반적으로 영양물질을 분해하면서 에너지를 생산하는 화학 반응인 이화작용 Catabolism과 새로운 물질을 합성하면서 에너지를 소비하는 화학 반응인 동화작용 Anabolism으로 구분된다. 이 두 종류의 대사 반응은 세포 내에 함께 일어난다.

미생물세포는 호기적 대사과정 Aerobic metabolism과 혐기적 대사과정 Anaerobic metabolism을 통해 에너지를 얻게 된다. 이와 관련하여 생화학적으로 의미하는 호흡 Respiration이란 호기적 대사과정의 한 경로로서 산소를 최종전자수용체로 작용시켜 탄수화물, 지방, 아미노산 등의 유기영양물질을 완전히 산화시켜 이산화탄소, 물 및 38ATP 686kcal를 최종적으로 생산하는 산화 반응이다. 발효 Fermentation란 산소의 이용이 없는 혐기적 대사과정의 한 경로로서 산소 대신 유기영양물질을 최종전자수용체로 작용시켜 에탄올, 유산 등의 불완전 산화유기물과 다소 많지 않은 에너지를 생산하는 산화·환원 반응이다.

호흡 : $C_6H_{12}O_6 + 6O_2 \rightarrow 6CO_2 + 6H_2O + 38ATP(686kcal)$

알코올발효 : $C_6H_{12}O_6 \rightarrow 2C_2H_5OH + 2CO_2 + 2ATP(58kcal)$

유산발효 : $C_6H_{12}O_6 \rightarrow 2CH_3CHOHCOOH + 2ATP(54kcal)$

1. 탄수화물 대사

1) 해당작용(Glycolysis)

호기성균과 혐기성균에 있어 당이 피루브산 또는 다른 대사중간물질로 분해되는 대사과정이 일어나며 일반적으로 EMP경로, HMS경로 및 ED 경로가 있다.

(1) Embden-Meyerhof Parnas(EMP) 경로

혐기적인 환경에서 포도당이 분해되어 피루브산이 생성되는 경로이다. 알코올 발효, 유산 발효 및 근육 내의 글리코겐이 분해되어 유산이 생성되는 해당작용이 이 경로를 경유하며 세포질에서 일어난다.

본 경로는 크게는 포도당 분해와 기질수준인산화 반응 Substrate-level phosphorylation 으로 나눌 수 있으며, 9단계의 생화학적 반응을 거치면서 2몰의 ATP를 소비하고 최종적으로 2분자의 피루브산, 2몰의 $NADH_2$ 및 4몰의 ATP가 생성된다.

EMP 경로 : 포도당 + 2ATP ⟶ 2피루브산 + $2NADH_2$ + 4ATP

그림 8-1 EMP 경로

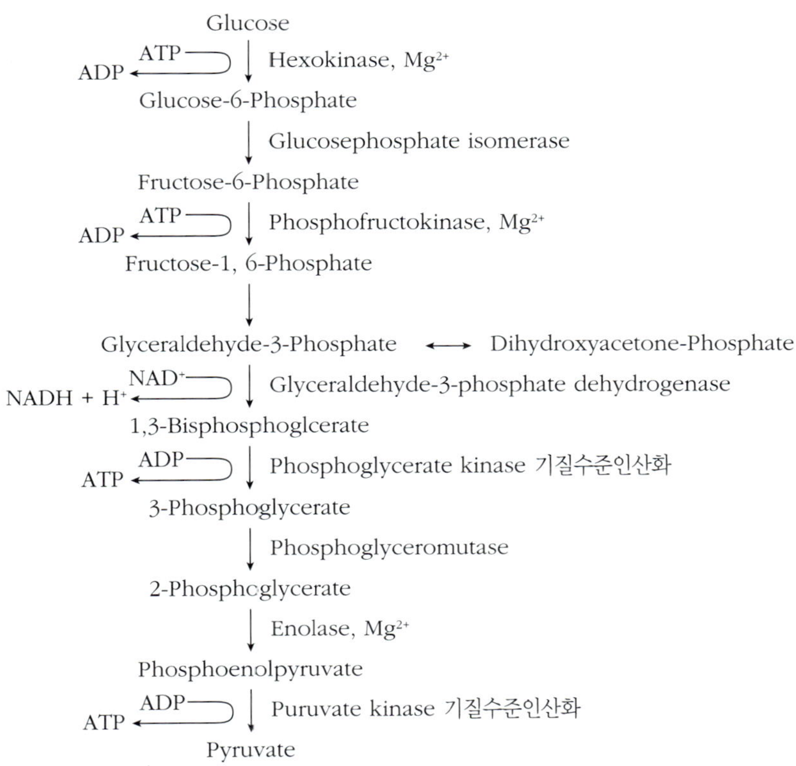

(2) 6탄당 인산회로(Hexose Monophosphate Shunt, HMS)

세포질에서 측로를 형성하는 당 분해의 또 다른 경로로서 6탄당 인산이 5탄당 인산으로 전환되어 대사되기 때문에 5탄당 인산경로 Pentose phosphate pathway라고도 한다. 혐기적 또는 호기적 환경에서 5탄당을 기질로 사용하는 세균과 효모가 있으며, 피루브산을 TCA 회로에서 대사시키지 못하는 세균 등이 이 경로를 경유하여 대사된다. *Leuconostoc mesenteroides*, *Acetobacter suboxydans* 등은 6탄당인산회로를 100% 경유하며 효모와 대장균 역시 이 경로를 거치는 것이 20~30% 정도 된다.

6탄당 인산회로는 EMP 경로와는 다르게 ATP를 직접 생산하지 않는 대신에 NADPH를 생성한다. 생성된 NADPH은 지방산과 스테로이드의 생합성에 필요한 주요공급원의 역할을 담당한다. 뿐만 아니라 이 과정에서 생성된 에리

그림 8-2 HMS 경로

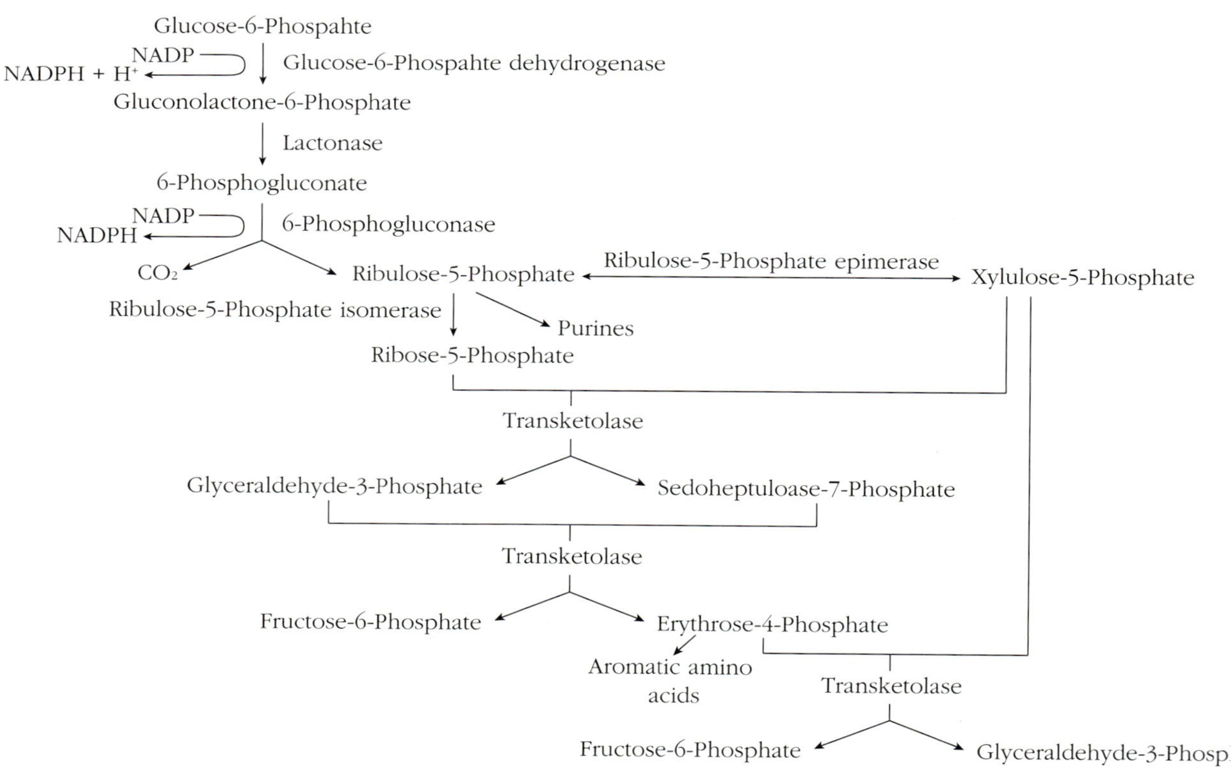

트로오스-4-인산 Erythrose-4-Phosphate과 리보오스 Ribose와 데옥시리보오스 Deoxyribose는 페닐알라닌 또는 티로신 등의 방향족 아미노산과 핵산의 생합성을 위한 전구체로 각각 작용한다.

HMS 경로 : 3(Glucose-6-Phosphate) + $6NADP^+$ + H_2O
→ $3CO_2$ + 2(Fructose-6-Phosphate)
+ Glyceraldehyde-3-Phosphate + 6NADPH + $6H^+$

(3) Entner-Doudoroff(ED) 경로

Entner와 Doudoroff가 *Pseudomonas saccharophila*에서 최초로 발견된 해당경로이다. 주로 *Pseudomonas*, *Zymomonas*, *Azotobacterium* 등을 포함한 그람음성균이 이 경로를 거치나 그람양성 유산균인 *Streptococcus faecalis*는 예외적으로 이 경로를 거친다.

이 경로에서 6-Phosphogluconate가 2-Keto-Deoxy-6-Phosphogluconate KDPG로 전환된 후 피루브산과 3탄당 인산이 생성되기 때문에 KDPG 경로라고도 한다.

표 8-1 세균의 EMP 또는 ED 경로

세균명	EMP 경로	ED 경로
Azotobacter chroococcum	+	−
Alcaligenes eutrophus	−	+
Bacillus subtilis	+	−
*Escherichia coli*를 포함한 장내세균	+	−
Pseudomonas saccharophila	−	+
Rhizobium japonicum	−	+
Thiobacillus ferroxidans	−	+
Xanthomonas phaseoli	−	+
Clostridium aceticum	−	+

그림 8-3 ED 경로

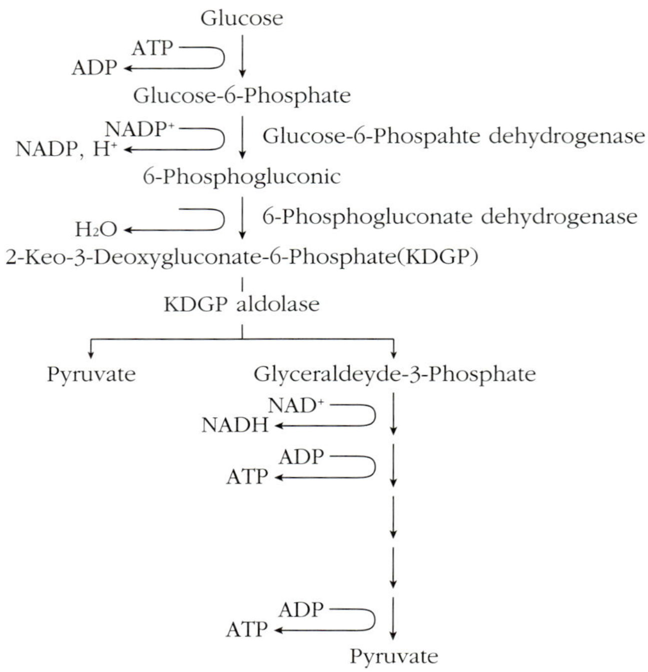

ED 경로 : Glucose → Glyceraldehyde-3-Phosphate + Pyruvate + $NADPH_2$

2) 호흡(Respiration)

호흡이란 해당 반응 이후의 구연산회로와 전자전달계를 통해 최종적으로 15ATP를 생성하는 당의 호기적 대사이다.

(1) 구연산회로(Citric Acid Cycle)

구연산회로는 Tricarboxylic Acid Cycle TCA 또는 크렙스회로라고 한다. 이 회로는 해당 반응에서 생성된 피루브산이 산화적탈탄산 반응에 의해 아세틸 CoA가 생성되고 Oxaloacetate와 축합하여 구연산을 만들어 회로로 진입함으로써 최종적으로 이산화탄소와 물을 생성시킨다.

TCA : Pyruvate + $3H_2O$ + 4NAD + ADP +FAD
→ $3CO_2$ + $4NADH_2$ + $FADH_2$ +ATP

구연산회로를 통해 생성된 $NADH_2$와 $FADH_2$는 전자전달계의 산화반응을 거치면서 ATP를 생성한다.

구연산회로는 지방산, 콜레스테롤, 햄 및 포도당 합성 등의 동화과정과 아미노산 분해와 에너지 생성의 이화과정 모두에 관여하는 양반응 Amphibolic reaction 회로이다.

(2) Glyoxlate 회로

식물이나 세균이 에탄올, 아세트산 및 아세틸 CoA의 2-탄소화합물을 사용

그림 8-4 Glyoxylate 회로와 TCA

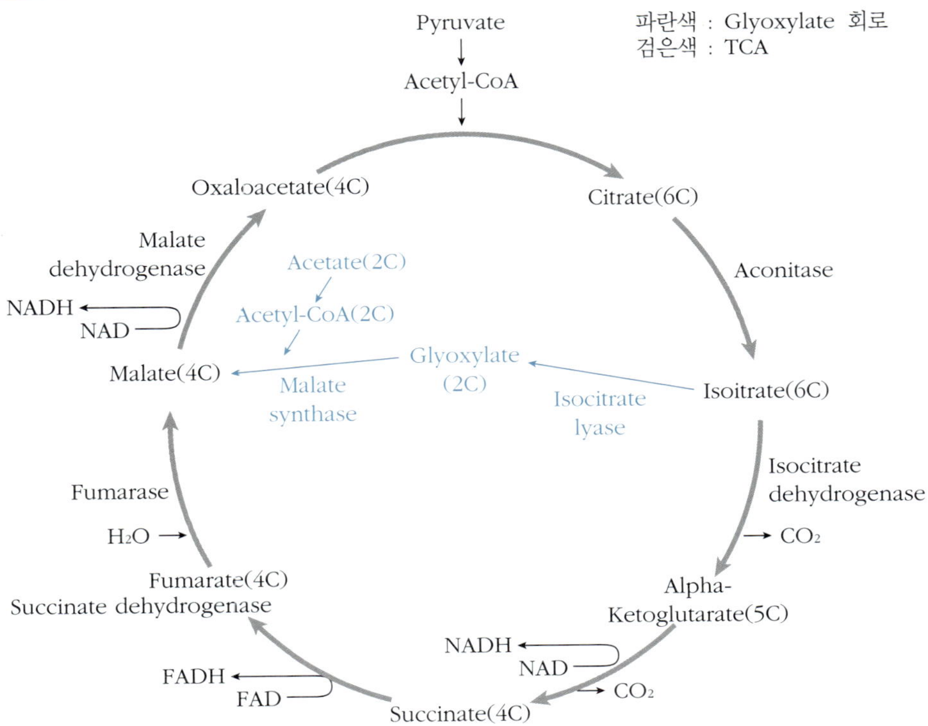

하여 Glyoxylate를 거친 후 Malate를 형성하는 일종의 구연산 회로의 변형회로이다. Glyoxylate 회로는 구연산회로의 중산산물 부족시 Oxaloacetate 합성을 이끈다.

2. 아미노산 대사

1) 아미노산 분해

일반적으로 탈아미노 반응 Deamination, 아미노전이 반응 Transamination, 탈탄산 반응 Decarboxylation 및 탈아미노 · 탈탄산 병행 반응에 의해 아미노산이 분해된다.

(1) 탈아미노 반응(Deamination)

아미노산의 분해는 탈아미노 반응으로 시작하는데 이 반응은 아미노전이 반응을 동반하여 암모니아를 생성한다.

① 호기적 탈아미노 반응

호기성세균이 사용하는 반응으로 α-케토산과 암모니아가 생성된다.

호기적 탈아미노반응 : $RCHNH_2COOH + 1/2O_2 \rightarrow RCOCOOH + NH_3$

② 혐기적 탈아미노 반응

혐기성세균이 사용하는 반응으로 Aspartic acid로부터 포화지방산인 Succinic acid가 생성된다.

혐기적 탈아미노반응 : $RCHNH_2COOH + H_2 \rightarrow RCH_2COOH + NH_3$

③ 불포화적 탈아미노 반응

대장균이 Aspartase를 사용하여 Aspartic acid로부터 불포화지방산인 Fumaric acid를 생성한다.

불포화적 탈아미노반응 : $RCH_2CHNH_2COOH \rightarrow RCH = CHCOOH + NH_3$

④ 가수적 탈아미노 반응

형광세균은 Aspartic acid로부터 Malic acid를 생성한다.

가수적 탈아미노반응 : $RCH_2CHNH_2COOH + H_2O$
$\rightarrow RCHOHCOOH + NH_3$

(2) 아미노전이 반응(Transamination)

Transaminase가 아미노산과 α-케토산 사이에 아미노기를 전위시켜 새로운 아미노산을 생성시키는 반응이다.

(3) 탈탄산 반응(Decarboxylation)

Decarboxylase에 의해 아미노산의 α-카르복시기를 이탈시켜 아민을 생성시키는 반응이다.

탈탄산반응 : $RCH_2NH_2COOH \rightarrow RCH_2NH_2 + CO_2$

(4) 탈아미노와 탈탄산 병행 반응

아미노산에서 탈아미노 반응과 탈탄산 반응이 함께 진행되어 알데히드를 생성하고 이것을 다시 환원시킴으로써 알코올을 만드는 알코올 발효 시에 관찰되는 반응이다.

2) 아미노산 합성

미생물은 유기화합물 또는 암모니아로부터 아미노산을 합성할 수 있으며,

그림 8-5 아미노산 합성

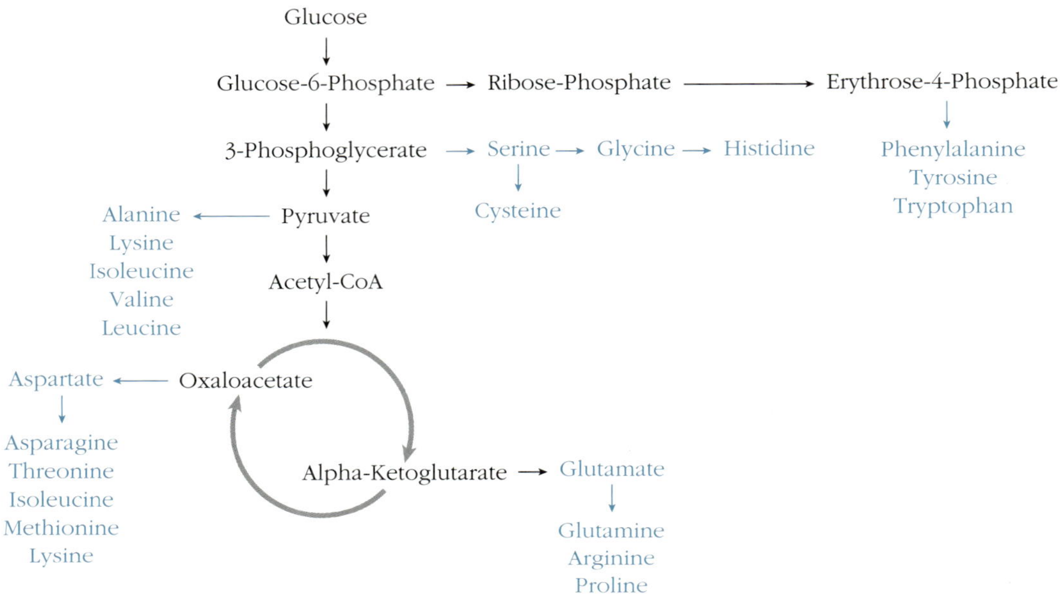

아미노산의 생합성은 EMP 경로, HMP 경로 및 TCA 회로의 중간산물이 주요 매개체로 작용한다. 즉 EMP 경로 중의 3-Phosphoglyceric acid와 Pyruvic acid, HMP 경로 중의 Erythrose-4-Phosphate 및 TCA 회로 중의 α-Ketoglutaric acid, Oxaloacetic acid와 Fumaric acid가 아미노산의 생합성을 위한 주요 매개체로 작용한다.

3. 지질 대사

1) 글리세롤 분해

글리세롤과 3개의 지방산으로 구성된 지질은 Lipase에 의해 글리세롤과 지방산으로 분해된다. 이 후 인산과 결합한 Glycerol-3-Phosphate는 Glyceraldehyde-3-Phosphate로 전환된 후 해당 반응의 EMP 경로를 경유하여 최종 산화된다.

그림 8-6 글리세롤 분해

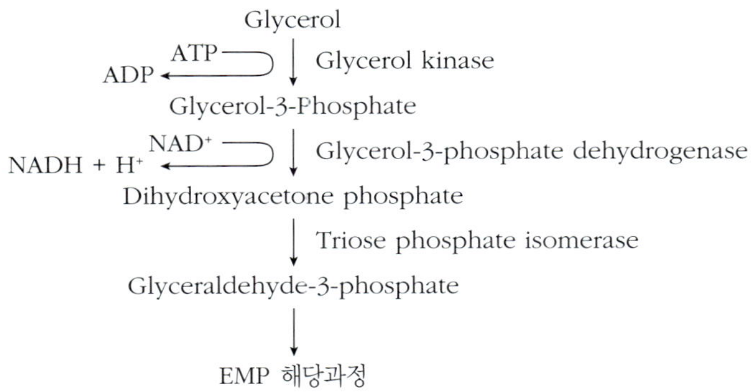

2) 지방산 분해

지질로부터 유리된 지방산은 알파 α탄소와 베타 β탄소 원자 사이의 결합이 끊어지면서 아세틸 CoA가 생성되는 β-산화 경로를 통해 분해되고 최종적으로 구연산회로에서 산화된다.

그림 8-7 지방산의 β-산화

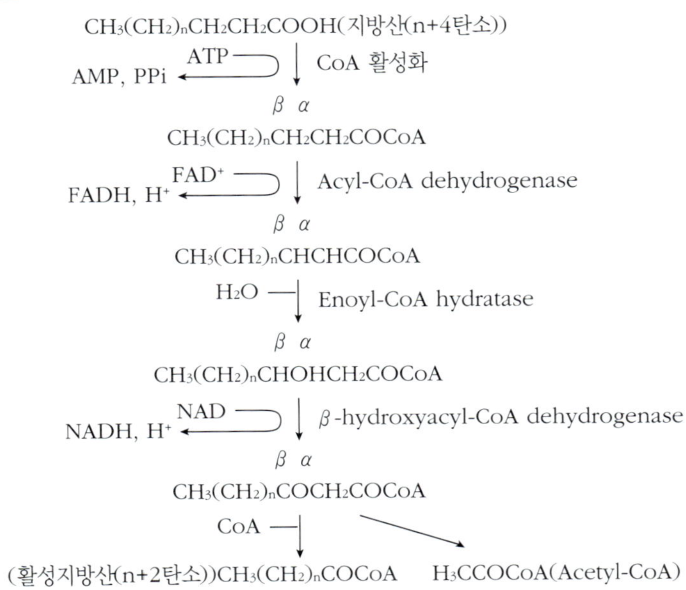

3) 지방산 합성

지방산의 합성은 Acetyl CoA의 카르복시화에 의해 생성된 Malonyl-CoA로 출발하며, 대부분의 반응은 다중효소복합체에 의해 일어난다. 또한 지방산 합성과정에는 아실운반단백질 Acyl carrier protein과 결합한 중간물질이 관여한다는 것과 NADPH를 소모한다는 것이 주요 특징이다.

그림 8-8 지방산의 합성

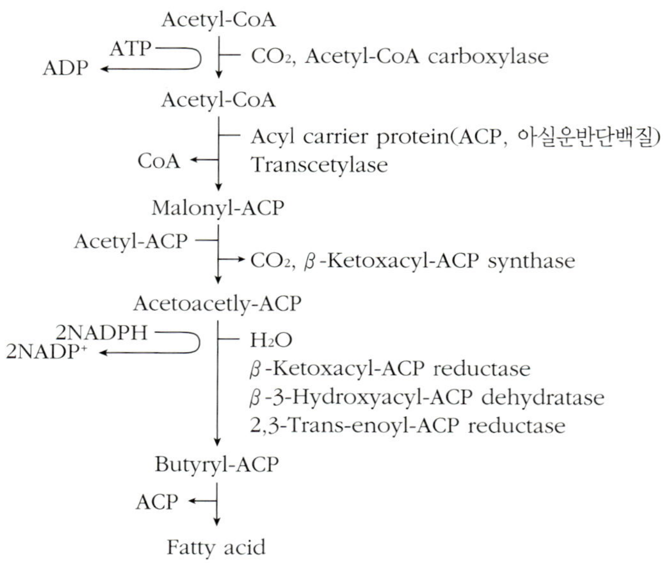

Chapter 9

발효식품과 미생물

1. 발효의 개요
2. 발효의 분류
3. 발효의 원리
4. 발효식품의 예

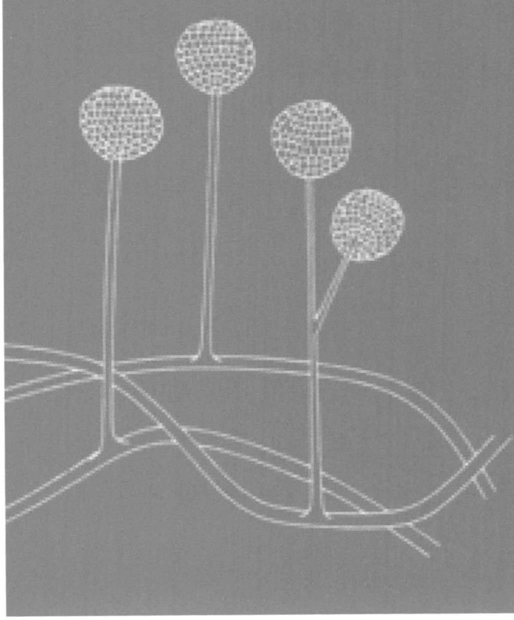

1. 발효의 개요

1) 발효의 정의

발효 fermentation란 관점에 따라 매우 다양하게 정의될 수 있지만, 식품학에서는 주로 미생물을 이용해서 식품의 성분을 변화시켜 사람에게 이로운 특성을 부여하는 식품의 저장 또는 가공 방법을 의미한다. 우리나라의 다양한 전통 발효식품인 김치, 된장, 간장, 고추장, 젓갈 등 뿐만 아니라, 외국에서도 요구르트, 치즈, 와인, 맥주 등의 다양한 발효식품이 발달되어 왔다. 이러한 발효식품의 역사는 기원전 7000~8000년 전으로 거슬러 올라간다.

2) 발효의 목적

발효는 원래 식품의 저장기간을 연장하기 위하여 시작되었다. 식품의 저장 기술이 지금처럼 발달하지 못했을 때는 우유, 육류, 어류, 채소류 등과 같이 부패하기 쉬운 식품들의 장기간 저장이 불가능했기 때문이다. 대부분의 식품은 발효과정을 거치면서 길게는 수년까지의 장기간 저장이 가능하게 되었다. 하지만 식품의 다양한 저장 및 가공기술이 발달한 지금은 단지 저장기간 연장을 위해서만 발효를 이용한다고 보기는 어렵다. 가공 전의 신선한 상태의 식품에서 얻을 수 없는 독특한 식감 texture이나 향미 flavor 등의 관능적 특성을 부여하거나 새로운 발효생성물의 기능성을 추구하기 위한 발효가 이루어진다고 볼 수 있다.

2. 발효의 분류

발효식품은 사용되는 원재료의 종류, 관여하는 미생물, 미생물의 최종 발효산물 등에 따라 다양하게 분류할 수 있다 표 9-1 표 9-2 표 9-3 . 발효에 사용되는 재료로는 식물성 및 동물성 재료들이 있다. 식물성 재료에는 다양한 과

채류, 곡류, 차류, 두류 등이 있고, 동물성 재료에는 다양한 육류, 우유 및 다른 포유류의 젖, 어류, 난류 등이 있다.

우유의 발효를 이용한 식품에는 다양한 종류의 발효유나 치즈, 크림 등이 있으며, 발효 육제품의 대부분은 건조소시지 dry sausage나 반건조소시지 semidry sausage 형태의 식품들이 차지한다. 곡류의 발효로는 빵이나 맥주 등의 식품을 얻으며, 콩 발효식품은 우리나라나 일본 등의 아시아 지역에서 장류의 형태로 많이 발달되어 왔다. 어패류의 발효도 마찬가지로 우리나라를 비롯하여 동남아시아 지역에서 젓갈이나 어간장 fish sause의 형태로 발달되어 왔다.

발효에 관여하는 미생물로는 유산균 lactic acid bacteria을 비롯하여, 그 외에도 효모 yeast나 곰팡이 mold, 초산균 acetic acid bacteria, 프로피온균 *Propionibacterium* 등이 있다. 또한, 그에 따른 발효식품의 예도 각 나라마다 매우 다양하게 존재한다.

발효의 주요 최종산물은 주로 발효에 관여하는 미생물에 의하여 결정이 난다. 유산균에 의해서는 대부분 유산 또는 유산과 아세트알데하이드 acetaldehyde, 다이아세틸 diacetyl, 이산화탄소 carbon dioxide, 에탄올 ethanol 등과 같은 물질들이 생성된다. 초산균에 의해서는 에탄올이 산화되어 초산 acetic acid이 생성되고, 이는 식초를 제조하는 데 이용된다. 또 *Saccharomyces cerevisiae* 등과 같은 효모의 발효는 알코올을 생성하여 주로 주류의 제조에 많이 사용된다.

표 9-1 원재료의 종류에 따른 발효식품의 예

원재료의 종류	발효식품의 예
우유 또는 다른 포유류의 젖	발효유(yogurt, buttermilk, kefir, koumiss 등), 치즈 등
육류	살라미(salami), 페퍼로니(pepperoni), 염장육, 서머 소시지(summer sausage) 등
곡류 및 두류	맥주, 빵, 간장, 된장, 미소(miso), 고추장, 청국장, 템페(tempeh) 등
과채류	피클(pickle), 김치, 사워크라우트(sauerkraut), 와인, 식초(vinegar) 등
어류	어간장(fish sauce), 젓갈, 식해 등

표 9-2 발효에 관여하는 미생물의 종류에 따른 발효식품의 예

미생물	발효식품의 예
유산균(Lactic acid bacteria)	발효유, 치즈, 김치, 피클, 발효소시지 등
초산균(Acetic acid bacteria)	식초
효모 및 곰팡이(Yeasts and molds)	된장, 간장, 고추장, 맥주, 과실주, 청주, 빵, 와인 등
기타	청국장(*Bacillus subtilis*), 낫토(*Bacillus natto*), 스위스치즈(*Propionibacterium*)

표 9-3 발효의 주요 최종산물에 따른 발효식품의 예

발효 주요 최종산물	발효식품의 예
유산(Lactic acid)	발효유(yogurt, buttermilk, kefir, koumiss 등), 치즈, 김치, 피클, 발효소시지 등
초산(Acetic acid)	식초
알코올(Alcohol)	맥주, 과실주, 빵, 간장, 발효유(Kefir, koumiss 등), 와인 등

3. 발효의 원리

식품의 발효에 영향을 미치는 요인은 식품의 내적요인(수분활성도 Aw, pH, 영양소, 산화·환원 전위, 항균물질, 식품의 구조)과 외적요인(온도, 상대습도, 공기조성, 다른 미생물의 존재여부)으로 나누어 볼 수 있다. 위와 같은 다양한 요인의 작용에 의하여 식품에서 어떤 미생물이 주도적인 역할을 하여 발효현상이 진행될 것인지 결정된다. 예를 들자면, pH가 낮으며 수분활성도가 낮은 식품에서는 상대적으로 낮은 pH와 낮은 수분활성도에 대한 내성이 강한 미생물의 생육이 활발하게 되고, 그에 따른 발효현상이 일어나게 된다.

식품마다 다양한 발효현상이 일어나기 때문에, 발효의 기작을 단편적으로 정리하기에는 무리가 있다. 하지만 발효에 관여하는 미생물에 따른 발효의 기본적인 원리는 다음과 같다.

1) 유산발효(Lactic acid fermentation)

일반적으로 가장 널리 알려진 유산발효는 식품의 발효과정을 유산균이 주도하는 과정인 경우를 일컫는다. 유산균이란 발효의 주요 최종산물로서 유산 lactic acid을 생성하는 그람양성 gram-positive의 비포자형성 non-sporulation의 간균 rod 또는 구균 cocci의 균주를 통칭하는 용어이다. 이에 속하는 주요 균속으로는 *Lactobacillus*, *Lactococcus*, *Leuconostoc*, *Pediococcus*, *Streptococcus* 등이 있다.

유산균에 의한 발효는 유당 lactose을 분해하여 에너지를 얻는 대사경로와 그의 최종산물에 의하여 크게 정상발효 homofermentation와 이상발효 heterofermentation로 분류한다.

(1) 정상발효(Homofermentation)

일반적으로 정상발효란 유산발효에 있어서 해당경로 glycolysis를 거쳐 최종산물로서 유산만 생성하거나 또는 발효의 주요산물이 대부분 유산일 경우를 일컫는다.

그림 9-1은 정상발효 유산균에 의한 포도당 glucose 대사경로를 나타내고 있다. 정상발효균은 동일한 분자량의 포도당으로부터 이상발효균보다 2배에 해

그림 9-1 정상발효(a)와 이상발효(b)의 포도당 대사과정

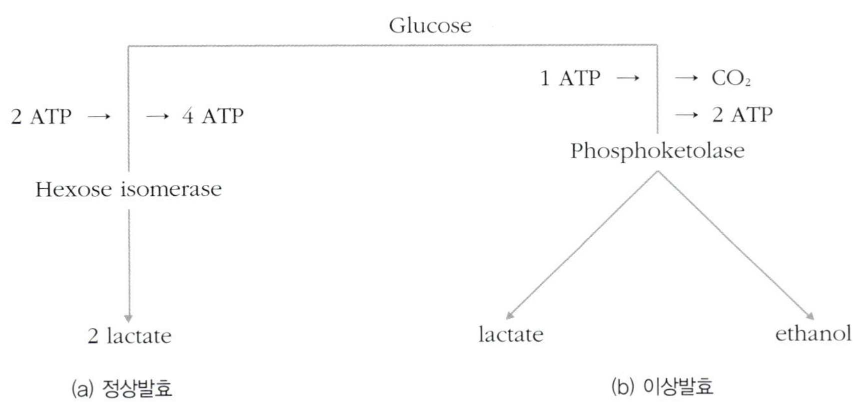

당하는 에너지를 생성한다. *Pediococcus*, *Streptococcus*, *Lactococcus*, *Vagococcus*의 모든 종과 종에 따라 *Lactobacillus*도 정상발효균에 해당한다 표 9-4.

(2) 이상발효(Heterofermentation)

반면 발효의 최종산물로서 유산뿐만 아니라, 기타 다른 생성물(에탄올, 이산화탄소, 아세트알데하이드, 다이아세틸 등)을 생성하는 경우를 이상발효로 분류한다 **그림 9-1**. 그렇기 때문에, 발효식품에 있어서 향미 등의 관능적 특성을 부

표 9-4 정상발효 또는 이상발효에 관여하는 유산균의 분류

정상발효균		이상발효균	
Lactobacillus	subsp. *lactis*	***Lactobacillus***	subsp. *dextranicum*
L. acetotolerans	subsp. *cremoris*	*L. brevis*	subsp. *mesenteroides*
L. acidipiscis	subsp. *diacetylactis*	*L. buchneri*	***Carnobacterium***
L. acidophilus	subsp. *hordniae*	*L. cellobiosus*	*C. divergens*
L. alimentarius	*L. garvieae*	*L. coprophilus*	*C. gallinarum*
L. casei	*L. plantarum*	*L. fermentum*	*C. mobile*
	L. raffinolactis	*L. hilgardii*	*C. piscicola*
L. coryniformis	***Paralactobacillus***	*L. sanfranciscensis*	*C. viridans*
L. curvatus	*P. selangorensis*	*L. trichoides*	***Oenococcus***
subsp. *curvatus*	***Pediococcus***	*L. pontis*	*O. oeni*
subsp. *melibiosus*	*P. acidilactici*	*L. fructivorans*	***Weissella***
L. delbrueckii	*P. claussenii*	*L. kimchii*	*W. cibaria*
subsp. *bulgaricus*	*P. pentosaceus*	*L. paralimentarius*	*W. confusa*
subsp. *delbrueckii*	*P. damnosus*	*L. panis*	*W. hellenica*
subsp. *lactis*	*P. dextrinicus*	*L. sakei*	*W. halotolerans*
L. fuchuensis	*P. inopinatus*	subsp. *sakei*	*W. kandleri*
L. helveticus	*P. parvulus*	subsp. *carnosus*	*W. kimchii*
L. jugurti	***Streptococcus***	***Leuconostoc***	*W. minor*
L. jensenii	*S. bovis*	*L. argentinum*	*W. thailandensis*
L. kefiranofaciens	*S. salivarius*	*L. citreus*	*W. paramesenteroides*
subsp. *kefiranofaciens*	subsp. *salivarius*	*L. fallax*	*W. viridescens*
subsp. *kefirgranun*	subsp. *thermophilus*	*L. carnosum*	*W. koreensis*
L. leichmannii	***Tetragenococcus***	*L. gelidum*	
L. mindensis	*T. halophilus*	*L. inhae*	
L. plantarum	*T. muriaticus*	*L. kimchii*	
L. salivarius	***Vagococcus***	*L. lactis*	
Lactococcus	*V. fluvialis*	*L. mesenteroides*	
L. lactis	*V. salmoninarum*	subsp. *cremoris*	

여하는 데 매우 중요한 역할을 한다. *Leuconostoc*, *Oenococcus*, *Weissella*, *Carnobacterium*과 종에 따라 *Lactobacillus* 등이 이상발효 작용을 한다 표 9-4.

2) 초산발효(Acetic acid fermentation)

초산발효란 미생물에 의하여 에탄올이 산화되어 초산 acetic acid이 생성되는 현상이며, 이러한 반응을 유도하는 미생물을 초산균으로 분류한다. 초산발효는 일반적으로 식초의 제조에 이용되는 발효방법이다. 초산균은 다음의 반응식과 같이 에탄올을 산화시켜 초산을 생성한다.

$$CH_3CH_2OH + O_2 \longrightarrow CH_3COOH + H_2O$$

초산균은 그람음성 gram-negative의 호기성 aerobic의 특성을 지닌 간균의 형태를 띤다. 초산균으로는 잘 알려진 *Acetobacter*를 비롯하여 *Asaia*, *Acidomonas*, *Gluconobacter*, *Gluconacetobacter* 등이 있다. *Asaia*를 제외하고는 대부분의 초산균은 0.35%의 초산에도 생장이 가능한 특성을 지니고 있다.

3) 효모발효(Yeast fermentation)

효모의 발효를 이용한 식품에는 주로 와인이나 맥주 등의 주류와 빵 등이 있다. 효모의 pyruvate 대사에 의하여 생성된 알코올과 이산화탄소 CO_2를 이용하는 발효식품이 주류이고, 이산화탄소를 이용하여 제조하는 식품이 바로 빵이다. 효모발효의 대표적인 식품인 와인과 맥주의 발효에는 공통적으로 *S. cerevisiae*가 이용된다. *S. cerevisiae*의 알코올 생성과정은 그림 9-2와 같다.

그림 9-2

***Saccharomyces cerevisiae*의 알코올 생성과정**(Jay et al., 2005)

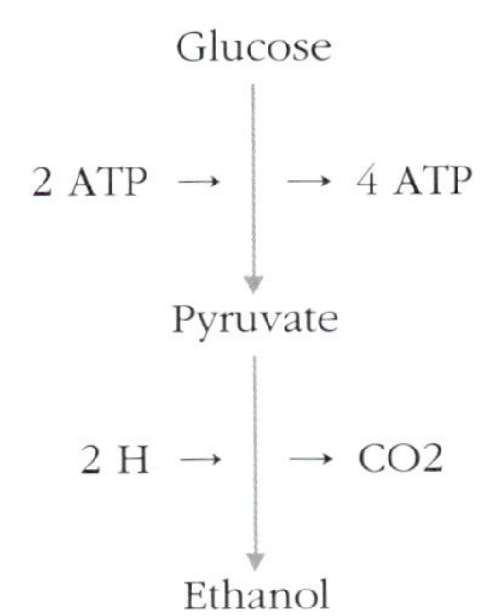

4. 발효식품의 예

1) 발효유류

(1) 발효유의 정의 및 규격

발효유류란 '원유 또는 유가공품을 유산균, 효모로 발효시킨 것'이라고 축산물의 가공기준 및 성분규격에서 명시하고 있다. 또한 무지 고형분 또는 유지방의 함량에 따라 농후 발효유, 크림발효유, 농후 크림발효유, 발효버터유, 발효유 분말로 분류하고 있다. 다양한 발효유의 성분 및 규격은 다음 표 9-5와 같다.

표 9-5 발효유의 성분규격

유형 \ 항목	발효유	농후발효유	크림발효유	농후 크림발효유	발효버터유	발효유분말
성상	고유의 색택과 향미를 가진 액상으로서 이미·이취가 없어야 한다.	고유의 색택과 향미를 가진 액상으로서 이미·이취가 없어야 한다.	고유의 색택과 향미를 가진 액상으로서 이미·이취가 없어야 한다.	고유의 색택과 향미를 가진 액상으로서 이미·이취가 없어야 한다.	고유의 색택과 향미를 가진 액상으로서 이미·이취가 없어야 한다.	고유의 색택과 향미를 가지고 이미·이취가 없어야 한다.
수분(%)	–	–	–	–	–	5.0 이하
유고형분(%)	–	–	–	–	–	85 이상
무지유 고형분(%)	3.0 이상	8.0 이상	3.0 이상	8.0 이상	8.0 이상	–
유지방(%)	–	–	8.0 이상	8.0 이상	1.5 이하	–
유산균수 또는 효모수	1㎖당 10,000,000 이상	1㎖당 100,000,000 이상(단, 냉동제품은 10,000,000 이상)	1㎖당 10,000,000 이상	1㎖당 100,000,000 이상(단, 냉동제품은 10,000,000 이상)	1㎖당 10,000,000 이상	–

(2) 발효유의 제조원리

발효유의 일반적인 제조공정은 그림 9-3과 같다. 발효유의 원료로 쓰이는 우유의 지방 함량에 따라 저지방 발효유도 생산이 되고 있다. 단백질의 함량은 발효유 완제품의 맛과 풍미에 영향을 미친다. 완제품은 점조도와 조직감 개선, 유청분리 등의 방지를 위하여 50~60℃에서 균질화 과정을 거치게 된다. 발효유의 발효기작 중 가장 특징적인 점은 *Streptococcus salivarius* ssp. *thermophilus*와 *Lactobacillus delbreukii* ssp. *bulgaricus* 두 가지의 균종을 접종하여 배양한다는 점이다. *St. salivarius* ssp. *thermophilus*는 초기발효를 유도하고, 이산화탄소와 formic acid를 생성하여 pH 감소를 유도한다. 이렇게 조성된 낮은 pH 환경은 *Lb. delbreukii* ssp. *bulgaricus*가 생장하는 데 적절한 환경을 제공한다. *Lb. delbreukii* ssp. *bulgaricus*는 단백질분해효소 proteinase의 활성화로 인하여 작은 펩타이드 peptide와 아미노산 amino acid을 생성하여 *St. salivarius* ssp. *thermophilus*의 생장을 촉진시킨다. 그래서 *St. salivarius* ssp. *thermophilus*와 *Lb. delbreukii* ssp. *bulgaricus*의 이러한 상호작용이 활발히 일어날수록 유산생성과 향미생성이 더 활발히 진행된다.

그림 9-3 일반적인 발효유 제조공정

원유(Raw milk)
↓
균질(Homogenization)
↓
살균(Pasteurization)
↓
냉각(Cooling)
↓
유산균 접종(Inoculation)
↓
배양(Incubation)
↓
냉각(Cooling)

발효버터유 buttermilk는 원래 버터 제조 후에 남는 부산물의 한 종류였으나, 현재는 유산균을 접종하여 신맛이 나는 발효유의 한 종류로 정착하였다. 이러한 발효버터유는 *Lactococcus lactis* subsp. *cremoris*와 *Lc. lactis* subsp. *lactis*의 발효에 의한 유제품이다.

2) 치즈(cheese)

(1) 치즈의 정의

유제품의 발효에서 절대적으로 빼놓을 수 없는 것이 바로 치즈이다. 치즈란 우유를 응유효소에 의하여 응고시킨 뒤 숙성시킨 발효 유제품의 한 종류이다.

기원전 3000년경 메소포타미아 문명의 고대 주민인 수메르인이 작성한 점토판 문서에도 치즈에 대한 기록이 있다. 중동지역의 유목민들이 송아지의 위로 만든 주머니에 우유를 보관하다가 우연히 응고된 우유를 먹었던 것이 치즈의 기원이라는 설이 전해지고 있다. 이때 우유를 응고시킨 역할을 했던 것이 바로 어린 포유류의 위에 존재하는 효소 복합체인 rennet이었으며, rennet에서 우유의 응고에 직접적으로 관여하는 효소는 rennin 또는 chymosin이라 한다. 현재는 rennin을 합성하여 사용하기도 한다.

그림 9-4 일반적인 치즈의 제조과정

원유(Raw milk)
↓
살균(Pasteurization)
↓
냉각(Cooling)
↓
유산균 접종(Inoculation)
↓
발효(Fermentation)
↓
Rennet 첨가
↓ casein응고
커드절단(Curd cutting)
↓ 가온
유청(whey) 분리
↓ 유청제거
압착(Pressing)
↓ 성형
가염(Salt addition)
↓
숙성(Maturation)

(2) 치즈의 제조원리

치즈의 제조과정은 다양한 치즈의 종류만큼이나 다양한 방법이 존재한다. 하지만 제조원리에 기초한 일반적인 치즈의 제조과정은 그림 9-4와 같다.

치즈의 제조는 살균한 원유를 냉각시킨 후 스타터 starter를 접종하는 데서 시작한다. 스타터로는 주로 유산균을 사용하며, 우유의 pH가 등전점인 pH 4.6~4.7 정도로 감소되었을 때 카제인 casein과 유청단백질 whey protein이 분리되는 현상이 발생한다. 카제인과 유청단백질이 분리된 후, rennet을 첨가하여 카제인을 응고시킨다. 이때 응고된 카제인 덩어리를 커드 curd라고 일컫는다. 응고되어 분리된 커드를 절단하여 압착과정을 끝으로 남아 있는 유청을 완전히 제거하고, 가염 및 숙성 등의 과정을 거쳐 치즈가 완성된다. 가염을 함으로써 치즈의 적절한 향미 생성, 부패미생물 생육 억제와 동시에 유용균의 생육 촉진, 수분제거 촉진 등의 효과를 누릴 수 있다.

치즈는 숙성 중에 치즈의 종류에 따라 다양한 미생물이 2차 발효를 진행하기도 한다. 예를 들면 스위스

표 9-6 치즈의 발효 및 숙성 시에 관여하는 미생물(Doyle and Beuchat, 2007)

치즈 종류	초기발효에 관여하는 미생물	2차발효에 관여하는 미생물
Colby, Cheddar, cottage, cream	*Lactococcus lactis* subsp. *cremoris*, *Lc. lactis* subsp. *lactis*	없음
Gouda, Edam, Havarti		*Leuconostoc* sp., Cit+ *Lactococcus lactis* subsp. *lactis*
Brick, Limburger		*Geotrichum candidum*, *Brevibacterium linens*, *Micrococcus sp.*
Camembert		주로 *Penicillium camemberti* 또는 *Brevibacterium linens*
Blue		Cit+ *Lactococcus lactis* subsp. *lactis*, *Penicillium roqueforti*
Mozzarella, provolone, Romano, Pamesan	*Streptococcus thermophilus*, *Lactobacillus delbrueckii* subsp. *bulgaricus*, *Lb. helveticus*	없음
Swiss		*Propionibacterium freudenreichii* subsp. *shermanii*

*Cit+: Citric acid 분해가능 균주

치즈 swiss cheese의 경우 치즈 조직 내에 cheese eye라고 불리는 구멍이 생기는데, 이러한 현상은 프로피온균 *propionibacterium*에 의한 프로피온산발효 propionic acid fermentation가 발생하기 때문이다. 프로피온산 발효의 반응식은 다음과 같다.

$$3 \text{ lactate} \longrightarrow 2 \text{ propionate} + \text{acetate} + CO_2 + \text{water}$$

프로피온균은 생장을 위한 에너지 생성을 위해 다량의 lactate를 이용하여 다량의 CO_2 가스를 치즈 내에서 발생시킨다. 또한 블루 Blue, 까망베르 Camembert 치즈 등과 같이 곰팡이가 2차발효에 관여하는 치즈도 있다. 치즈의 종류에 따라 작용하는 유산균의 종류는 표 9-6과 같다.

3) 김치(Kimchi)

(1) 김치의 정의 및 분류

김치란 소금에 절인 배추나 무 등의 채소에 젓갈류 및 기타 양념류를 첨가하여 발효시킨 우리나라의 전통 발효식품이다. 김치의 기원에는 여러 가지 설이 존재하고 있다. 최초의 김치는 중국의 절임채소인 '저(菹)'가 한국으로 전래되어 현재의 김치로 변천되어 왔다는 설과 각 나라마다 채소의 저장기간 연장을 위하여 다양한 형태의 채소절임 방법이 발달되어 온 것처럼 우리나라에서 자생적으로 생겨난 채소절임의 한 가지 방법이라는 설이 존재한다.

사계절이 뚜렷한 우리나라에서는 겨울철에도 채소류를 섭취할 수 있도록 저장기간 연장을 위하여 다양한 채소류를 이용한 발효식품이 발달되어 왔으며, 그중 대표적인 발효식품이 바로 김치이다. 삼국시대부터 김치를 만들어 먹기 시작했다는 기록이 남아 있으며, 현재의 김치 형태가 되기까지 김치의 종류와 제조방법이 계속 변천되어 왔다. 조선시대 전까지는 고춧가루를 넣어서 제조하지 않았으며, 고춧가루를 넣는 현재의 김치 제조방법은 '증보산림경제'에 최초로 소개되어 있다.

김치의 종류도 분류방법이나 지역에 따라 다양하지만, 재료에 따라서 대략적으로 배추김치 30여 종, 무 60여 종, 오이 10여 종 등으로 나누어 볼 수 있다. 또한 김치의 분류는 계절별, 지역별, 소금의 농도별, 김칫국물의 상태별, 담금법 등에 따라 분류가 되기도 한다. 많은 사람이 김치는 마늘과 같은 강한 향신료와 매운맛의 고추가 첨가되는 식품이라서 세계화하기에 어려운 식품일 것이라 예측하였지만, 김치는 현재 서구사회에서도 건강식품으로서의 입지를 굳혀나가고 있다. 그 예로 김치는 미국의 건강 전문지인 'Health'(2006년)에서 소개한 세계 5대 건강식품으로 선정되기도 하였다.

(2) 김치의 제조원리

김치의 제조는 실제로 재료별, 종류별, 지역별 등으로 매우 다양한 방법이 있지만, 일반적인 제조원리는 그림 9-5와 같다.

김치는 원료에서 이물을 제거한 후에 전통적인 채소류 발효방법대로 염장을 선행하게 되어 있다. 염장은 염수(8~12%)에 침지시키는 염수법과 소금을 직접 재료에 뿌리는 건염법으로 나뉜다. 이러한 염장의 과정 중에 삼투압에 의한 채소류의 수분활성도 감소로 인하여 채소류에 서식하는 발효에 불필요한 미생물들의 저감화가 이루어진다. 또한 염장은 원재료인 배추나 무 등의 조직감을 부드럽게 하는 역할을 하기도 한다. 염장이 끝난 주재료는 세척을 하여 염분기를 3~5% 정도로 감소시키고, 수분을 제거하는 과정을 거친다. 다음 단계에서는 준비된 양념소(마늘, 고춧가루, 파, 젓갈, 생강, 소금, 설탕 등)를 기호에 맞게 조절하여 절인 주재료에 첨가하는 '소넣기' 과정을 하여 잘 버무린 다음 자연발효가 진행되도록 적절한 온도에서 저장한다.

그림 9-5 김치의 일반적인 제조과정

그림 9-6 20℃에서 발효 중인 배추김치 내의 미생물 개체수

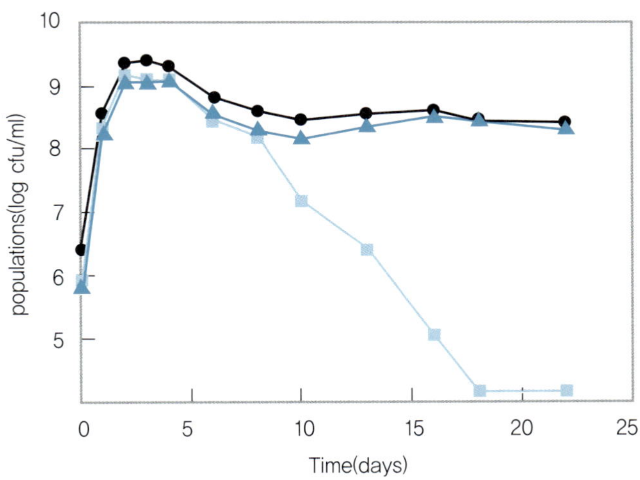

(총균수: ●, *Lactobacillus* sp.: ▲, *Leuconostoc* sp.: ■)

김치의 발효는 한 종류의 미생물에 의한 발효가 아니라, 김치의 숙성상태에 따라 발효에 관여하는 주 미생물이 변하는 특성을 지닌다. 이로 인하여 저장기간 및 염분의 농도에 따른 다양한 맛이나 향미가 생성되기도 한다. 김치의 주재료인 채소에는 매우 다양한 미생물이 존재하지만, 염장을 거치면서 감소된 수분활성도 및 혐기anaerobic 환경의 조성에 의하여 혐기성의 염기성 미생물들이 발효초기에 증식하다가 점차적으로 유산균의 증식이 활성화된다. 유산균의 증식에 의하여 김치

내에 생성된 유산을 포함한 다양한 유기산 organic acid의 증가로 pH가 감소되어, *Leoconostoc mesenteroides*과 같은 상대적으로 산 acid에 대한 내성이 강한 유산균들이 살아남는다. 하지만 계속되는 유기산의 생성으로 인하여, *L. mesenteroides*도 점차적으로 사멸하고, *Lactobacillus plantarum* 등의 내산성 acid tolerant 유산균들이 증식하게 된다 **그림 9-6**. 실제, 김치에서는 위와 같은 미생물뿐만 아니라 다양한 *Leuconostoc*, *Lactobacillus*, *Streptococcus*, *Pediococcus*, *Lactococcus* 등이 존재한다.

4) 장류

(1) 장류의 정의 및 분류

식품공전상의 장류란 동·식물성 원료에 누룩균 *Aspergillus oryzae* 등을 배양하거나 메주 등을 주원료로 하여 식염 등을 섞어 발효·숙성시킨 것을 제조·가공한 것으로 메주, 한식간장, 양조간장, 산분해간장, 효소분해간장, 혼합간장, 한식된장, 된장, 조미된장, 고추장, 조미고추장, 춘장, 청국장, 혼합장 등을 포함시키고 있다.

(2) 제조원리

장류의 제조방법은 재래식 방법과 대량생산을 위한 개량식 방법에 약간의 차이가 있다. 재래식 방법으로 간장과 된장을 만들 때는 메주가 반드시 필요한데, 이러한 메주는 '콩삶기-성형-발효(띄우기)'의 과정을 거쳐서 제조된다. '띄우기' 과정 동안 발효가 진행되는데, *Asp. oryzae*, *Bacillus subtilis*, *Rhizopus* spp. 등에 의하여 발효된다. 이렇게 제조된 메주를 염수에 담근 후 숙성시켜서 액체와 메주 및 침강된 메주 찌꺼기로 분리하여 추가적인 공정을 거쳐서 각각 간장과 된장으로 완성된다. 대량생산하는 된장의 재료는 콩 이외에도 소맥분이나 밀쌀 등의 재료가 사용되기도 한다.

전통적인 방법의 고추장 제조를 위해서는 간장이나 된장과는 약간 다른 성

그림 9-7 간장, 된장, 고추장의 개량식 제조방법

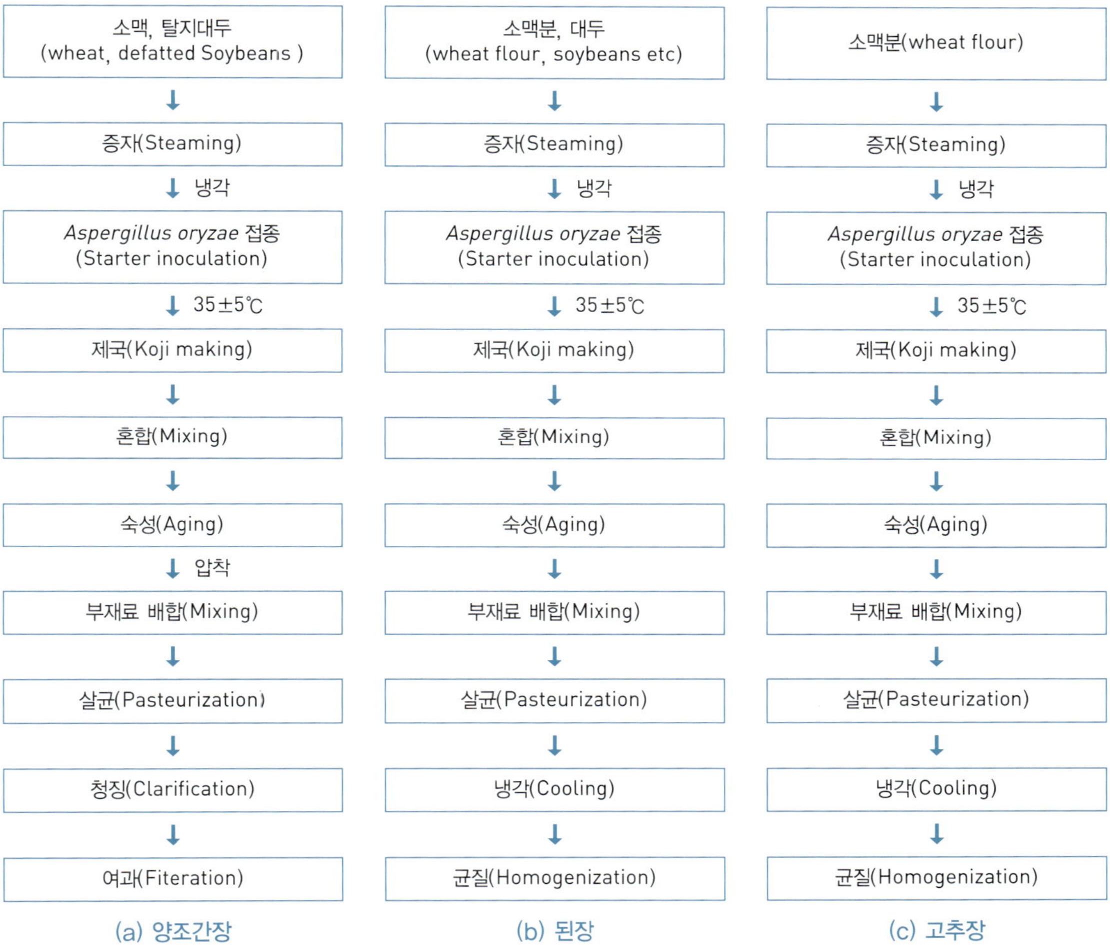

상의 콩과 쌀을 혼합한 고추장 메주를 만든다. 하지만 현재의 고추장 제조공정은 대량생산을 위하여 개량식 방법을 이용한다. 개량식 방법으로는 주원료인 소맥분에 *Asp. oryzae*를 접종하여 제국하고, 부원료와 혼합 및 담금하고 숙성의 과정을 거쳐서 완성된다. 개량식의 방법은 재료의 차이만 있을 뿐, 된장과 고추장의 제조방법은 매우 흡사하다 그림 9-7.

청국장은 간장, 된장, 고추장보다 상대적으로 짧은 시간 안에 제조가 가능한

콩 발효식품이다. 전통적인 청국장 제조방법은 콩을 삶은 후 볏짚으로 싸서 따뜻한 곳에 저장하는 방식이다. 그 제조원리는 볏짚에 존재하는 *B. subtilis*가 따뜻한 온도에서 증식하여 단백질 분해효소 protease를 생성한다. 이러한 단백질 분해효소에 의하여 삶은 콩의 단백질이 분해되고, 이로 인하여 청국장의 독특한 향미와 끈적거리는 질감이 생성되는 것이다. 일본의 낫토 natto는 우리나라의 청국장과 제조방법뿐만 아니라 매우 흡사한 향미와 질감 등의 특성을 가지고 있다. 낫토의 발효에 관여하는 미생물은 *B. subtilis* var. *natto*로 분류된다.

5) 소시지(sausage)

(1) 소시지의 정의 및 분류

육류는 풍부한 영양소, 높은 수분활성도, 적절한 pH 등의 미생물이 서식하기에 좋은 식품의 내적요인을 지녔다. 그렇기 때문에, 발효라는 과정을 통하여 미생물 제어가 되지 않은 신선한 경우에는 부패하기 매우 쉬운 식품이다.

발효육의 대부분을 차지하는 것이 건조소시지 dry sausage와 반건조소시지 semidry sausage이다 표 9-7. 소시지란 분쇄한 원료육에 첨가물을 혼합하여 발효시킨 후 숙성시킨 식품이다. 페퍼로니 pepperoni나 살라미 salami와 같은 발효소시지는 우리나라에서도 잘 알려진 제품이기도 하다.

표 9-7 건조 및 반건조 소시지의 종류

분류	소시지의 종류
건조 소시지 dry sausage	Salami
	Cappicola
	Pepperoni
	Mortadella
	Lyons
반건조 소시지 semidry sausage	summer sausage
	Holsteiner cervelat
	Gothaer cervelat
	Lebanon bologna
	Landjaeger cervelat

(2) 소시지의 제조원리

소시지의 제조과정은 그림 9-8과 같으며, 첫 단계로는 준비된 원료육에 스타터를 포함한 부재료를 혼합하여 가능한 한 빨리 원료육의 pH를 감소시키는 것이 중요하다. pH를 감소시킴으로써, 미생물학적 안전성 향상, 부패미생물의 생육 억제, 원료육의 단백질 변성을 통한 육질의 연화, 향미 생성, 육색유지 등의 효과를 볼 수 있다. 소시지의 중요한 첨가물 중의 하나인 nitrite는 원료육의 미오글로빈 myoglobin과 반응하여 소시지의 발색에 중요한 역할을 함과 동시에, 지방의 산화 lipid oxidation를 지연시키고, 신경독소를 생성하는 혐기성 식중독균인 *Clostridium botulinum*의 생육을 억제하는 데 매우 중요한 역할을 한다. 하지만 nitrite의 사용은 안전성 문제로 인하여 현재 논란의 대상이 되고 있다.

소시지 발효의 스타터 미생물로는 염분과 nitrite에 대한 내성이 있으며 단백질 및 지질 분해 효소를 생성하지 않는 정상발효 homofermentative 균주를 사용한다. 주로 사용되는 균주는 유산균으로는 *Pediococcus acidilactici*, *P. pentosaceus*, *Lactobacillus plantarum*, *Lb. sake*, *Lb. curvatus* 등이 있고, Micrococcaceae로는 *Micrococcus varians*, *Staphylococcus carnosus*, *S. xylosus* 등이 있다. 일반적으로 당 sugar이 첨가되지 않은 경우는 *Micrococcus* spp.가 주요 발효균이 된다.

그림 9-8 발효소시지의 일반적인 제조과정

원료육(Raw meat)

↓

부재료 및 첨가물 혼합
(스타터, NaCl, $NaNO_2$ 또는 KNO_3, 포도당 등)

↓

진공충진(Vacuum encasing)

↓

발효(Fermentation)

↓

건조 및 숙성(Aging)

6) 맥주(beer)

(1) 맥주의 정의

맥주는 각 나라마다 그 정의나 제조방법이 매우 다양하다. 예들 들면 맥주의 종주국이라고 알려진 독일에서는 맥주를 정의할 때 맥아 malt, 홉 hop, 효모 yeast, 물로만 그 재료를 제한하고 있지만, 대부분의 다른 나라에서는 맥주의 정의가 상대적으로 광범위하며, 심지어는 설탕이 들어가기도 하고 맥아를 제조하지 않고 곡류를 그대로 사용하기도 한다. 우리나라 식품공전상의 맥주란 '맥아 또는 맥아와 전분질 원료, 홉 등을 주원료로 하여 발효시켜 여과 제성濾過製成한 것'을 말한다.

그림 9-9 일반적인 맥주의 제조공정

맥아제조(Malting)
↓
분쇄(Milling, Mashing)
↓
맥아즙 끓이기(Wort boiling)
↓
발효(Fermentation)
↓
숙성(Maturation) 및 기타 공정

(2) 맥주의 제조원리

위의 설명과 같이 각 나라마다 지역마다 다양한 맥주제조 방법이 있지만, 일반적인 맥주의 제조원리는 다음 **그림 9-9** 와 같은 과정으로 구성되어 있다.

첫 번째 과정은 맥아제조 malting로 맥아의 전분질을 발효가당 glucose, maltose, maltotriose으로 또는 단백질을 아미노산으로 변환시키기 위해서 대맥을 맥아로 만드는 과정이다. 맥아제조의 과정은 크게 침지 steeping, 발아 germination, 배조 kilning의 세 가지 공정으로 구성되어 있다. 다음은 제조된 맥아를 분쇄하는 단계이다. 맥아를 분쇄함으로써 당, 아미노산, 효모 영양물질, 효소 등을 용출시킨다. 이렇게 얻은 맥아즙 wort을 끓이면서 홉을 첨가한다. 맥아즙을 끓이는 과정 동안 맥주의 발효에 불필요한 미생물 사멸을 위한 살균이 가능하며, 또한 맥주 특유의 색깔이 형성되고, 첨가된 홉으로부터 쓴맛과 독특한 향을 추출한다. 끓인 맥아즙은 발효를 위해서 발효조에 옮겨진 후, 효모 접종 전에 20℃ 전후로 식히면서 공기를 주입한다. 맥주 발효에는 주로 *S. cerevisiae*가 사용된다. *S. cerevisiae*의 맥주발효 과정 중의 생육곡선은 다음 **그림 9-10** 과 같다. 미생물의 일반적인 생육곡선과 마찬가지로 지체기 lag, 대수기 log, 정체기 stationary, 사멸기 death로 구성된다. 지체기는 *S. cerevisiae*가 맥아즙에 녹아 있는 산소를 이용하고, 본격적인 증식을 위하여 맥아즙의 여러 환경조건에 적응을 하는 과정이다.

그림 9-10 맥주의 발효 중 *S. cerevisiae*의 생육곡선

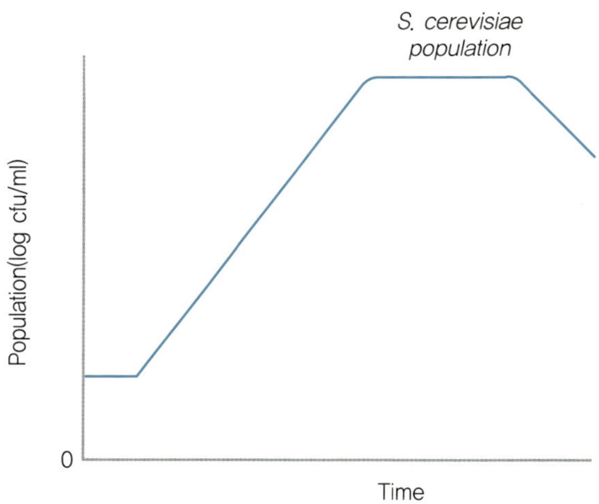

7) 와인(wine)

(1) 와인의 정의

와인 wine이란 과일(넓은 의미) 또는 포도(좁은 의미)를 발효시킨 음료이다. 현존하는 가장 오래된 와인은 7000년 전에 이란 Iran에서 제조된 것으로서 현재 미국의 The University of Pennsylvania 박물관에 보관되어 있다.

와인은 색깔, 맛, 알코올 함량 등에 따라 분류를 한다. 색깔에 따라 적포도주 red wine, 백포도주 white wine 또는 맛에 따라 sweet wine, dry wine 등으로 분류한다. 이 외에도 생산국이나 식사 중 음용순서 등에 따라서 분류하기도 한다.

(2) 와인의 제조원리

와인의 제조원리는 최초로 Louis Pasteur에 의하여 정립되었다. 와인의 미생물학적 제조원리의 정립은 와인제조가 가지고 있던 부패와 같은 문제점을 해결하는 데 있어서 큰 기여를 했다고 볼 수 있다.

와인 제조원리는 크게 적포도주와 백포도주로 나누어 볼 수 있고, 두 와인의 제조원리는 거의 비슷하지만, 적포도주는 포도 껍질째 발효를 시키는 반면, 백포도주는 포도의 껍질을 제거하여 과육만을 사용한다는 차이점이 있다. 두 wine의 제조원리는 그림 9-11과 같다.

그림 9-11 적포도주와 백포도주의 제조방법

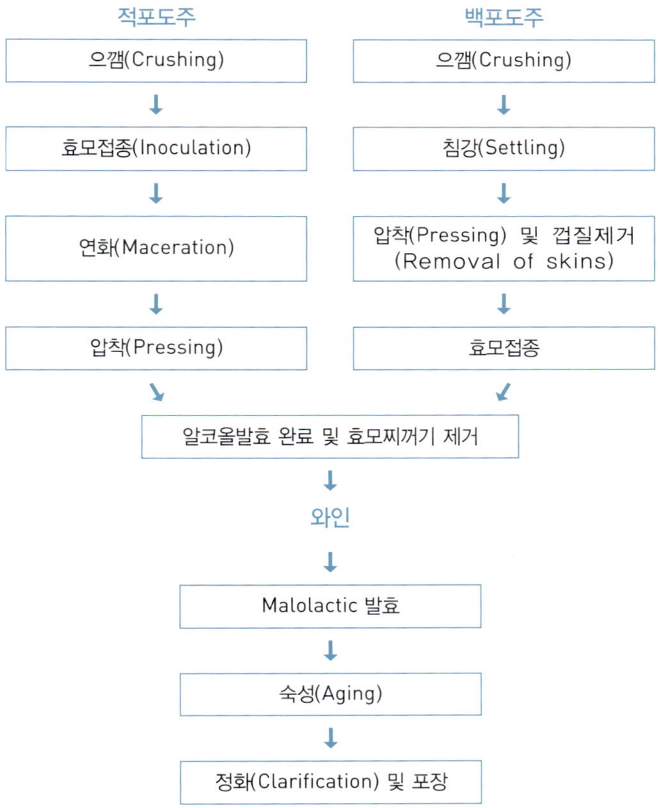

적포도주는 포도를 껍질째 발효시킴으로써 와인의 붉은색과 포도 껍질에 많은 tannin성분에 의한 떫은맛을 얻게 된다. 예전에는 야생효모에 의한 발효를 하였지만, 매번 일정한 품질의 와인을 생산하는 것이 불가능하여 현재는 거의 배양효모를 사용하여 발효를 하고 있다. 와인발효에 주로 사용되는 효모는 *S. cerevisiae*이다. 대략 10^6~10^7/ml 정도의 효모를 접종하고, 접종된 효모는 포도즙 내의 발효가당 fermentable sugar을 이용하여 발효를 시작한다. 발효가 완료되면 효모의 찌꺼기를 와인에서 제거하는 과정을 거치는데, 효모 찌꺼기를 제거하지 않으면 효모의 자기소화 autolysis에 의하여 와인의 향미에 좋지 못한 영향을 미치거나 부패미생물 생육에 필요한 영양분을 제공할 수 있다. *S. cerevisiae*의 알코올 생성과정은 **그림 9-2**에 잘 나타나 있다. 알코올 발효가 완료된 와인은 선택적으로 Malolactic 발효를 거치기도 한다. Malolactic 발효란 유산균에 의하여 와인 내의 L-malic acid가 분해되어 L-lactic acid가 생성되는 decarboxylation 과정으로 이루어져 있다. Malolactic 발효의 반응식은 다음과 같다.

$$\text{Malic acid} \rightarrow \text{oxaloacetic acid} + CO_2 \rightarrow \text{pyruvic acid} \rightarrow \text{lactic acid}$$

이러한 과정에 의해 와인의 pH가 0.3~0.5 정도 상승하는 결과를 가져오며, 동시에 신맛이 감소한다. Malolactic 발효에는 주로 *Leuconostoc oenos*, *Lactobacillus* spp., *Pediococcus* spp. 등이 관여한다.

8) 커피(coffee)

(1) 커피의 정의

커피란 볶아낸 커피열매의 씨앗을 우려내서 마시는 음료이다. 커피에 쓰이는 열매의 씨앗을 coffee bean이라고 부른다. 커피에는 Coffea 속 屬, genus에 속하는 40여 종이 있다. 잘 알려진 커피종에는 *C. arabica*, *C. canephora*,

C. liberica, *C. excelsa* 등이 있다.

(2) 커피의 제조원리

잘 알려져 있지 않지단, 커피 또한 발효의 과정을 거쳐서 완성되는 식품이다. 우리가 마시는 커피는 채취된 커피열매에서 과육이 제거되고 남은 씨앗 부위인 coffee bean을 가공처리한 음료이다. 이때 발효를 이용하여 coffee bean의 표면에 남아 있는 점액성의 물질 mucilage을 분해 및 제거한다. 이러한 점액질의 구성성분에는 펙틴 pectin, 펙트산 pectic acid, 과당 sucrose, 카페인 caffeine 등이 포함되어 있다.

수년간 이러한 coffee bean 표면의 점액질 제거에 주로 관여하는 미생물에 대한 연구가 진행되어 오고 있지만, 현재까지 정확히 어떤 미생물인지에 대하여는 논쟁의 여지가 있는 실정이다. 하지만 이러한 과정에서 곰팡이, 효모를 비롯하여 유산균, 대장균군, 또는 그 외의 그람음성균들이 발견된 바가 있다. coffee bean의 점액질을 구성하고 있는 성분 중 펙틴질이 차지하는 부분이 가장 크기 때문에, 이론적으로 잼액질을 제거하기 위해서는 분명 펙틴분해효소 pectinase의 분비가 원활한 미생물이 점액질 제거에 가장 큰 기여를 할 것이다. 실제 커피 수확 후 coffee bean에서 검출된 미생물 중에서 펙틴분해효소를 생성하는 미생물로는 *Bacillus*, *Fusarium*, *Penicillium*, *Aspergillus* 등이 있다.

이러한 발효를 통해서 점액질이 제거된 coffee bean은 볶아낸 후, 일정기간 동안의 저장을 거쳐서 완성된다. 이렇게 완성된 커피는 다양한 방법으로 우려내기를 하여 음료로 사용된다.

식품의 부패와 미생물

Chapter 10

1. 부패 미생물총의 결정인자와 이에 따른 식품의 변화
2. 주요 식품의 부패
3. 식중독
4. 곰팡이 독

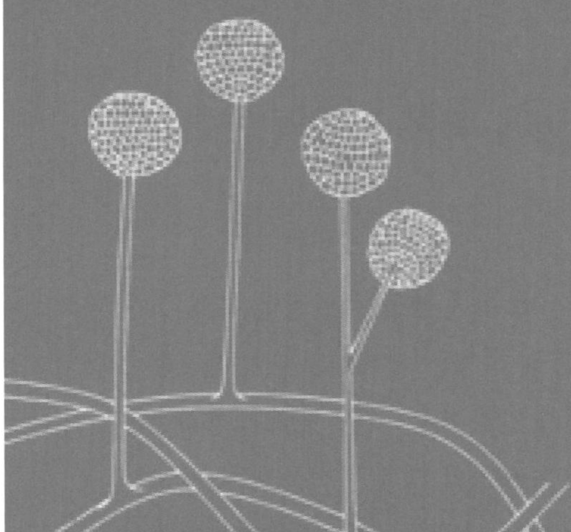

식품 자체가 보유하고 있는 형태, 색, 질감, 맛, 냄새 등의 본래 특성이 식품이 접하고 있는 물리적 인자(태양, 온도 등), 화학적 인자(공기, 수분 등) 또는 미생물의 작용에 의해 그 특성을 잃고 악취를 동반한 다양한 유독성 물질을 생성하여 식품의 가치를 상실하는 현상을 일반적으로 부패라고 한다.

그러나 식품미생물학에서 의미하는 부패는 위에서 언급한 내용을 좀 더 세분화·구체화시켜 부패, 변패 및 산패로 구분하고 있다. 부패 putrefaction란 단백질 식품이 부패 미생물의 증식에 의해 분해되어 불쾌한 맛과 냄새를 수반하며 최종적으로는 아민, 암모니아 NH_3, 황화수소 H_2S 등의 유독성 물질을 생성하는 것을 일컫는다. 변패 deterioration란 단백질을 제외한 탄수화물이나 지질이 부패 미생물의 증식에 의해 분해되어 시큼한 맛과 냄새를 수반하는 현상을 일컬으며 이는 부패에 비해서는 그 양상이 덜 심각하다. 한편 식품 중의 지방 또는 유지가 공기 중의 산소, 빛, 효소 및 미생물의 작용에 의해 분해되어 불쾌한 맛과 냄새, 변색 및 점질 물질의 생성 등으로 인해 품질이 저하되는 현상을 산패 rancidity라고 한다.

본 장에서는 식품의 부패를 일으키는 미생물총 microflora을 결정하는 인자와 이에 따른 주요 식품의 변화 및 관련 미생물, 그리고 식중독을 일으키는 주요 미생물에 대하여 살펴본다.

1. 부패 미생물총의 결정인자와 이에 따른 식품의 변화

1) 부패 미생물총을 결정하는 환경인자

식품의 부패가 발생한 경우, 식품과 관련한 모든 미생물이 일련의 부패 과정에 관여하는 것은 아니며 실질적으로 식품의 부패를 야기시키는 미생물은 소수의 집단이거나 단 한 종의 특정 미생물의 생육이 그 원인체로 작용하는 것이다. 부패 현상을 주도하는 최종적인 특정 미생물의 생육은 식품 자체가 보유한 고유의 내부적 환경 intrinsic environment과 식품 주변의 외부적 환경

extrinsic environment 및 미생물 간의 상호작용에 의해 결정된다.

(1) 부패 미생물의 오염과 미생물 간의 상호작용

- 식품 중의 오염 미생물총의 조성 및 구성
- 미생물 간의 상호작용

(2) 식품의 내부환경(Intrinsic environment)

- 오염된 부패 미생물의 생육에 영향을 미치는 식품의 영양분 조성
- 식품 중의 자연항균물질
- 식품의 pH
- 식품의 산화 · 환원전위
- 식품의 수분활성도
- 식품의 물리적 방어체계

(3) 식품의 외부환경(Extrinsic environment)

- 식품의 보관 또는 저장 온도
- 식품의 보관 또는 저장 시간
- 식품 주변의 상대습도

식품에 존재하는 미생물은 대부분은 비병원성이지만 특정 미생물의 생육을 충족시키면 부패의 원인균으로 작용하게 되며, 식품 부패의 종류는 식품에 존재하는 미생물의 종류와 수에 따라 다양하다.

2) 부패 미생물 증식에 의한 식품 중의 변화

식품 중의 부패 미생물의 증식은 식품의 형태, 색, 질감, 맛, 냄새 등의 관능적 변화를 야기한다.

(1) 외형(Appearance)의 변화

일반적인 식품 외형의 변화는 곰팡이 균사에 의한 솜털이 식품 표면에 가득히 덮여 있는 변화와, 세균에 의한 점질물이 육류 표면에 덮여 있는 변화가 있다.

(2) 색(Color)의 변화

식품 색의 변화는 크게는 미생물 자체에 의한 것과 미생물이 생산하는 균체외 색소에 의한 것 및 미생물 작용에 의한 것이 있다.

곰팡이 균사는 붉은색 또는 검은색을 나타내며 곰팡이 포자는 녹색이나 검은색을 나타낸다. *Pseudomonas fluorescens*는 형광색소를 생산하여 달걀의 녹색 부패를 일으키며, *Pseudomonas mephitica*는 고기에 증식하여 황화수소 H_2S를 생산하여 녹색부패를 일으킨다. *Halobacterium salinarum*은 붉은 색소를 생산하여 염장생선의 부패를 일으킨다.

또한 *Bacillus*, *Pseudomonas*, *Flavobacterium*, *Corynebacterium*, *Vibrio*, *Xanthomonas*, *Mycobacterium*, *Sarcina* 등의 증식에 의해 생산되는 가장 일반적인 색소는 카로티노이드이다.

(3) 질감(Texture)의 변화

*Erwinia carotovora*는 과일과 채소에 증식하여 Pectinase를 생산, 펙틴을 분해하여 조직을 연화시킨다. 생선, 가금류 및 육류에 *Pseudomonas fluorescens*가 증식하면 Proteinase를 생산하여 고기 조직을 연화시킨다.

(4) 맛(Taste)의 변화

미생물 증식에 의해 생성되는 가장 일반적인 맛은 쓴맛, 떫은맛, 신맛 등이며 우유에 *Pseudomonas*가 증식하면 쓴맛이 나타난다.

(5) 냄새(Odor)의 변화

가장 일반적인 부패의 냄새로는 부패취 또는 강한 이취가 있으며 이는 부패 미생물의 대사산물에 기인한다.

단백질에 미생물이 증식하여 최종 생성되는 아민, 암모니아, 황화수소 및 다른 황화합물, 인돌, 스케톨 등이 부패취를 생성한다. 지질에 미생물이 증식하면 지방산으로 분해되어 산패취를 생성한다. 탄수화물에 미생물이 증식하면 젖산, 알데히드, 에탄올, 에스테르, 이산화탄소를 생성한다.

(6) 점질물질(Slime)의 생성

Bacillus, *Micrococcus*, 젖산균, 효모 등은 소시지와 생선에 증식하여 표면에 점질물을 생성한다. *Bacillus subtilis*는 빵 도우에 증식하여 점질물질을 생성시켜 점질화 ropiness 현상을 야기시킨다.

2. 주요 식품의 부패

1) 육류 및 그 가공품의 부패 관련 미생물

(1) 육류

육류의 부패는 점질물질과 불쾌취의 생성 및 변색 등이 부패의 주요 현상이며 *Pseudomonas*를 비롯한 수분활성도가 높은 곳에서 잘 증식하는 *Aeromonas*, *Alcaligenes*, *Flavobacterium*, *Enterobacter*, *Proteus*, *Streptococcus*, *Acinetobacter*, *Microbacterium* 등이 관여한다. 육류색소의 변색은 *Lactobacillus*와 *Leuconostoc*이 관여한다. 육류 표면의 반점 형성은 *Serratia*, *Micrococcus*, *Flavobacterium*이 관여한다.

가금육에는 장내세균을 비롯한 *Acinetobacter*, *Micrococcus*, *Flavobacterium*, *Moraxella*, *Pseudomonas* 등이 존재하며 이 중 *Pseudomonas*가 저온성 부패

표 10-1 호기적 환경에서의 육류의 부패와 관련된 미생물

원인 미생물	부패 양상
Achromobacter, *Bacillus*, *Leuconostoc*, *Streptococcus*, *Pseudomonas*, *Micrococcus*, 일부 *Lactobacilllus*	표면의 점질물질 생성
Serratia marcescens	표면의 적색
Flavobacterium, *Micrococcus*	표면의 황색
Pseudomonas syncyanea	표면의 청색
Photobacterium	표면의 광택
일부 효모	백색, 홍색, 회색의 표면 반점
호기성세균	불쾌한 냄새와 맛
유산균, 효모	산취와 산미
Actinomycetes	흙냄새
Cladosporium herbarum	곰팡이의 흑색반점
Sporotrichum carnis	곰팡이의 백색반점
Penicillium expansum, *Penicillium oxalicum*	곰팡이의 녹색반점
Thamnidium	곰팡이의 쉰냄새
Thamnidium elegans, *Mucor*, *Rhizopus*	곰팡이의 점질물질과 털모양의 균사 생성

표 10-2 혐기적 환경에서의 육류의 부패와 관련된 미생물

원인 미생물	부패 양상
Achromobacter, *Clostridium*, *Pseudomonas*, *Proteus*	일반적 부패현상
Clostridium, Coliforms(대장균군)	악취를 동반한 산패

원인균으로 알려져 있다.

호기적 환경과 혐기적 환경에서의 육류의 부패에 관여하는 미생물에 따른 부패 양상은 다음 표 10-1 과 표 10-2 에 각각 나타내었다.

(2) 육류 가공품

소시지 표면의 점질물질 생성은 *Micrococcus*가, 소시지 표면이 백색으로

변하는 현상은 *Streptococcus*가 각각 관여한다. 베이컨의 부패는 *Acinetobacter*, *Alcaligenes*, *Micrococcus*, *Vibrio*, *Corynebacterium*, 효모 등이 관여한다. 햄의 부패는 *Micrococcus*, *Microbacterium*, 젖산균, 효모 등이 관여한다. 육류 가공품의 쉰 냄새와 치즈 향은 *Micrococcus*, *Lactobacillus*, *Pediococcus*, *Leuconostoc* 등이 관여한다.

가스치환 포장육 중의 이산화탄소 농도가 높을 때는 *Lactobacillus*가 우세하게 관여하며, 이산화탄소의 농도가 낮을 때는 *Brochotrix thermospacta*가 우세하게 관여한다.

2) 곡류 및 그 가공품의 부패 관련 미생물

(1) 곡류

쌀의 경작 시와 수확 후에 *Pseudomonas*, *Enterobacter*, *Micrococcus*, *Brevibacterium*, *Bacillus* 등의 세균과 *Alternaria*, *Fusarium*, *Helminthosporium* 등의 곰팡이가 증식한다. 저장 중의 쌀에서는 일반적으로 이러한 균들의 증식은 많지 않고 대부분 *Aspergillus*와 *Penicillium* 등의 곰팡이가 증식하여 부패의 원인체가 된다.

밀의 경작 시에는 *Fusarium* 증식에 의해 붉은색의 밀로 변하며, *Alternaria* 또는 *Helminthosporium* 증식에 의해 검은색의 밀로 변하게 된다.

옥수수에는 *Aspergillus flavus*가 증식한다.

(2) 곡류 가공품

쌀밥에는 주로 *Bacillus subtilis*, *Bacillus cereus*를 포함한 *Bacillus* spp.가 증식하여 부패에 관여, 부패의 주 원인균으로 간주되나 *Micrococcus*, 효모 등도 오염되어 점성 물질을 생성시키고 쉰 맛과 쉰 냄새를 발생시킨다.

쌀밥의 부패에 관여하는 *Bacillus* spp.에 따른 부패 양상은 다음 표 10-3 에 나타내었다.

표 10-3 쌀밥의 부패와 관련된 *Bacillus* spp.

Bacillus spp. 의 종류	부패의 양상
B. subtilis, *B. cereus*, *B. mycoides*, *B. circulans*, *B. alvei*, *B. megaterium*	밥을 산성화시킴
B. pumilis, *B. cereus*	밥을 알칼리성화시킴

빵에는 주로 *Aspergillus*, *Rhizopus*, *Mucor*, *Monilia* 등의 곰팡이가 증식한다. 한편 빵의 점질화 ropiness와 붉은 빵의 주 원인 부패균은 *Bacillus mesentericus*와 *Serratia marcescens*가 각각 관여한다.

과자에는 *Bacillus subtilis*, *Micrococcus*, *Streptococcus*, *Achromobacter*, Coliforms(대장균군) 등의 세균, *Penicillium*, *Mucor*, *Aspergillus* 등의 곰팡이 및 내당성 효모가 증식한다.

3) 과일 · 채소류 및 그 가공품의 부패 관련 미생물

(1) 과일

대부분의 과일은 일반적으로 유기산을 함유하여 pH가 낮기 때문에 *Lactobacillus*와 *Leuconostoc* 등의 내산성 세균을 제외한 대부분의 세균의 증식은 억제된다. 그러나 내산성 효모와 곰팡이는 증식이 가능하여 과일부패의 주요 원인체가 된다.

감귤에는 *Penicillium italicum*과 *Penicillium digitatum*이 증식하여 감귤을 무르게 한다. 사과와 귤이 푸른색으로 변하는 현상은 *Penicillium expansum*이 증식하기 때문이며 복숭아, 배, 사과, 바나나 등이 검게 변하는 현상은 *Rhizopus*가 증식하기 때문이다.

각종 과일의 부패에 관여하는 미생물에 따른 부패 양상은 다음 표 10-4 에 나타내었다.

표 10-4 과일의 부패와 관련된 미생물

원인 미생물명	부패병	과일명
Rhizopus nigricans	연부병	딸기
Glomerella cingulata	탄저병	포도, 배, 감귤, 사과
Fusarium moniliforme	건부병	바나나
Phomopsis citri	흑점병	감귤
Penicillium expansum	푸른곰팡이병	배
Penicillium italicum	푸른곰팡이병	감귤
Botrytis cinerea	회색곰팡이병	배, 복숭아, 딸기, 토마토
Penicillium digitatum	녹색곰팡이병	감귤
Rhizopus nigricans	흑색곰팡이병	복숭아, 무화과

(2) 채소

중성의 pH를 가진 채소에는 곰팡이와 세균이 증식하여 부패를 일으킨다. 감자, 양파, 당근, 양배추 등에 *Erwinia carotovora*와 *Rhizopus*, *Alternaria* 및 *Aspergillus* 등이 증식, Pectinase를 생성하여 채소를 무르게 하는 데 관여한다.

각종 채소의 부패에 관여하는 미생물에 따른 부패 양상은 다음 표 10-5에 나타내었다.

표 10-5 채소의 부패와 관련된 미생물

원인 미생물명	부패병	과일명
Macrophoma edulis	저장부패병	고구마
Colletotrichum coccodes, *Colletotrichum lindemuthanum*	탄저병	토마토, 감자, 시금치, 오이, 양파
Fusarium solani, *Fusarium oxysporium*	건부병	양파, 감자, 토란
Erwinia carotovora, *Erwinia aroideae*, *Rhizopus stolonifer*	연부병	대부분의 채소
Penicillium expansum, *Penicillium sclerotigenum*	푸른곰팡이병	고구마, 마
Alternaria radicina	흑반병	토마토, 배추, 당근, 오이, 파, 양배추, 양파

(3) 과일 · 채소 가공품

토마토 주스 통조림에는 불충분한 열처리에 의해 생존한 *Bacillus coagulans*가 증식하여 통조림 내용물을 산성으로 만들고 가스는 생성하지 않는 일명 무가스산패 flat sour 현상을 발생시킨다.

4) 우유 및 그 가공품의 부패 관련 미생물

(1) 우유

건강한 소에서 착유한 원유일지라도 *Micrococcus*, *Corynebacterium* 및 *Streptococcus* 가 고유 미생물총을 형성하며 일반적으로 착유, 운반, 보관, 가공 중 설비 등의 다양한 경로에 의해 미생물이 오염될 수 있다.

저온보관된 우유의 경우 장내세균, *Acinetobacter*, *Alcaligenes*, *Flavobacterium*, *Pseudomonas* 등이 증식하며 특히 이 중 *Pseudomonas* 가 가장 빠르게 증식하여 우유 중의 금속 냄새, 쓴 냄새를 동반한 부패를 야기

표 10-6 우유의 부패와 관련된 미생물

원인 미생물	부패의 양상
Achromobacter, *Bacillus*, *Leuconostoc*, *Streptococcus*, *Pseudomonas*, *Micrococcus*, 일부 *Lactobacilllus*	유산에 의한 산패(커드 생성)
Coliforms, *Clostridium*, *Bacillus*	가스 생성
Streptococcus faecalis, *Bacillus cereus*	단백분해성과 산생성
Micrococcus, *Alcaligenes*, *Pseudomonas*, *Proteus*, *Flavobacterium*, *Clostrdium*, *Bacillus*	단백분해성과 알카리성
Alcaligenes viscolactis	표면의 점질화
Enterobacter aerogenes, *Enterobacter cloacae*, *Streptococcus lactis*, *Lactobacillus bulgaricus*, *Lactobacillus plantarum*, *Lactobacillus casei*	전면의 점질화
Pseudomonas syncyanea	청색으로 변색
Pseudomonas synxantha, *Flavobacterium*	황색으로 변색
Serratia marcescens, *Brevibacterium erythrogenes*	적색으로 변색
Pseudomonas fluorescens	갈색으로 변색

시키는 주요 원인체가 된다. 우유에 이 균이 증식하여 1 밀리리터당 107 이상이 되는 경우 열안정성 단백질 분해효소 protease를 생성한다.

저온 보관하지 않고 실온에 우유를 방치하였을 경우, *Lactobacillus*와 *Streptococcus* 등의 중온성균들이 증식하여 우유 중의 유당이 젖산으로 대사되어 우유가 시큼하게 된다.

우유의 부패에 관여하는 미생물에 따른 부패 양상은 **표 10-6** 에 나타내었다.

(2) 우유 가공품

버터의 부패에는 일반적으로 저온성미생물이 관여하며 버터 표면에는 곰팡이가 증식하기 쉽다. 대개 *Pseudomonas*, *Micrococcus*, *Cladosporium*, *Candida*, *Penicillium* 등이 증식하여 버터 중의 지방산을 분해시킨다.

치즈에 *Bacillus*, *Micrococcus*, *Propionibacterium* 등이 증식하면 분홍색 또는 붉은색의 치즈로 변화되며 치즈 표면에 *Rhodotorula*가 증식하면 분홍색 반점과 점질물질이 형성된다.

5) 기타 식품의 부패 관련 미생물

(1) 달걀

달걀의 부패에는 일반적으로 다양한 종류의 곰팡이, 효모 및 세균이 관여한다. 곰팡이로는 *Aspergillus*, *Cladosporium*, *Mucor*, *Rhizopus*, *Penicillium* 등이 있으며 효모로는 *Rhodotorula*가 있다. 세균으로는 *Alcaligenes*, *Flavobacterium*, *Bacillus*, *Proteus*, *Pseudomonas*, *Micrococcus*, *Enterobacter*, *Escherichia* 등이 있으며 이 중 *Pseudomonas*가 가장 우세한 부패 미생물이다.

달걀의 부패에 관여하는 곰팡이와 세균에 따른 부패 양상은 다음 **표 10-7** 과 **표 10-8** 에 각각 나타내었다.

표 10-7 달걀의 부패와 관련된 곰팡이

원인 미생물	부패의 양상
Alternaria, *Mucor*, *Thamnidium*, *Botrytis*	난각 표면에 곰팡이 발생
Cladosporium	난각 표면과 안쪽에 흑록색의 반점
Sporotrichum	난각 표면과 안쪽에 홍색의 반점
Penicillium	난각 안쪽에 황 · 청록색의 반점
Sporotrichum	난백의 젤리화와 적색 착색, 곰팡이 냄새
Cladosporium	난백의 젤리화와 흑색 착색, 곰팡이 냄새

표 10-8 달걀의 부패와 관련된 세균

원인 미생물	부패의 양상
Pseudomonas	난백의 분홍색과 녹색 착색
Proteus melanovogenis, 일부 *Pseudomonas*	난황의 흑색 착색과 부패취 발생
Achromobacter, *Pseudomonis*	난황의 흰색 착색과 악취 발생
Pseudomonas fluorescens	난백과 난황의 형광성의 녹색 착색

(2) 어패류

신선한 어패류에서 *Acinetobacter*, *Micrococcus*, *Pseudomonas*, *Proteus* 및 *Vibrio*가 고유 미생물총을 형성한다. 이 균들은 부패된 어패류에서도 검출이 된다. 부패 어패류에서는 *Acinetobacter*, *Pseudomonas*, *Flavobacterium*이 우세

표 10-9 어패류 종류에 따라 관여하는 미생물

어패류의 종류	원인 미생물
갑각류 중 게	*Myxococcus*
갑각류 중 새우	*Candida*, *Rhodotorula*, *Torulopsis*, *Trichosporon*
해수어	*Achromobacter*, *Pseudomonas*, *Flavobacterium*, *Corynebacterium*, *Proteus*, *Clostridium*, *Vibrio*, *Corynebacterium*, *Escherichia*, *Sarcina*, *Serratia*
담수어	해수어에 존재하는 각종 해수세균, *Aeromonas*, *Alcaligenes*, *Streptococcus*, *Lactobacillus*
조개류	토양세균

표 10-10 어육 변색에 관여하는 미생물

원인 미생물	어육 변색
Pseudomonas fluorescens	황색, 녹황색
Sarcinia, *Rhodotorula*, *Bacillus*, *Micrococcus*, 곰팡이	적색, 분홍색
Micrococcus	황색

하게 증식한다. 진공포장된 어패류에서는 *Lactobacillus*와 *Microbacterium*이 잘 증식한다.

어패류의 종류에 따른 관여하는 미생물과 어육 변색에 관여하는 미생물은 표 10-9와 표 10-10에 각각 나타내었다.

3. 식중독

1) 식중독의 정의와 분류

(1) 식중독의 정의

식중독은 세균 또는 그것이 생산한 독소, 유독화학물질, 유해성분 등이 함유된 음식물을 섭취함으로써 일어나는 급성 또는 만성적인 건강장해이다. 우리나라 식품위생법 제2조 제14호에 따르면 식중독이란 "식품의 섭취로 인하여 인체에 유해한 미생물 또는 유독물질에 의하여 발생하였거나 발생한 것으로 판단되는 감염성 질환 또는 독소형 질환을 말한다"라고 정의되어 있다. 세계보건기구 WHO는 "식품 또는 물의 섭취에 의해 발생되었거나 발생된 것으로 생각되는 감염성 또는 독소형질환"으로 규정하고 있다. 집단식중독은 식품 섭취로 인하여 2인 이상의 사람이 감염성 또는 독소형 질환을 일으킨 경우를 말한다.

(2) 식중독의 발생현황

식중독 발생 통계수치는 실제 식중독 발생률보다 낮은 통계치를 보인다. 식중독으로 보고되는 경우는 의사의 진단이 필요한 심한 중독의 경우 외에는 증세가 경미한 경우가 많고 단기간에 사라지므로 사람들은 이를 질병으로 간주하지 않는 경향이 있어 보고를 하지 않기 때문으로 나타났다. 그러나 이러한 가벼운 증세를 보이는 식중독은 면역력이 약한 아이나 노인 등에게는 치명적일 수도 있으므로 주의해야 한다.

최근 식중독 발생건수 및 환자 수가 계속해서 늘고 있다 표 10-11 . 이러한

표 10-11 최근 5년간 지역별, 연도별 식중독 발생현황

구분	계		2010년		2011년		2012년		2013년		2014년	
	건수	환자수	건수	환자수	건수	환자수	건수	환자수	건수	환자수	건수	환자수
계	1,226	30,868	264	7,096	243	6,918	260	5,854	222	4,823	237	6,177
서울	176	4,841	39	825	33	740	35	837	34	707	35	1,732
부산	67	2,313	21	665	18	1,046	11	325	11	213	6	64
대구	31	863	3	188	4	230	12	238	9	121	3	86
인천	69	3,372	12	265	9	481	19	986	11	300	18	1,340
광주	36	481	21	261	2	50	4	91	4	38	5	41
대전	32	494	8	170	16	277	3	22	2	11	3	14
울산	49	691	7	135	13	137	8	123	6	120	15	176
경기	365	7,739	69	2,694	62	1,505	90	1,078	70	829	74	1,633
강원	3	81	0	0	0	0	0	0	2	69	1	12
충북	59	2,310	11	387	15	355	17	929	9	554	7	85
충남	43	968	7	200	8	354	9	168	4	60	15	186
전북	60	1,620	19	365	15	868	9	187	6	85	11	115
전남	61	1,735	7	231	12	318	4	98	24	806	14	282
경북	74	1,413	8	89	21	261	13	243	17	493	15	327
경남	62	932	28	483	4	74	13	196	6	121	11	58
제주	39	1,015	4	138	11	222	13	333	7	296	4	26

출처 : 식품의약품안전처 식중독통계시스템(http://www.mfds.go.kr)

증거는 식중독 데이터의 수집과 기록의 보고체계 시스템이 체계화되어 가고 있어 사람들이 식중독을 질환으로 여기게 되면서 환자, 그 가족 및 의사들의 공중보건당국에 보고 증가와 더불어 기술의 발달에 따른 실험기기 및 실험법들이 향상되었기 때문으로 여겨진다.

(3) 식중독의 분류

식중독은 세균성 식중독, 화학성 식중독, 자연독 식중독, 곰팡이독 식중독 등 네 가지로 분류할 수 있다. 이 중 미생물에 의한 식품기인성 식중독은 세균성 식중독으로 감염형과 독소형의 두 종류로 나눌 수 있다 표 10-12. 잠복기에 의한 병인론적으로 볼 때 화학적 물질에 의한 화학성 식중독은 0~30분, 세균성 식중독 중 감염형은 20시간 이상, 독소형 중 포도상구균 식중독은 2시간, 기타 독소형 식중독은 약 12시간 정도이다.

표 10-12 미생물에 의한 식품기인성 식중독의 종류

대분류	중분류	소분류	원인균 및 물질
미생물	세균성	감염형	살모넬라, 장염비브리오균, 병원성대장균, 캠필로박터, 여시니아, 리스테리아 모노사이토제네스, 클로스트리디움 퍼프린제스, 바실러스 세레우스
		독소형	황색포도상구균, 클로스트리디움 보툴리눔 등
	바이러스성	공기, 접촉, 물 등의 경로로 전염	노로바이러스, 로타바이러스, 아스트로바이러스, 장관아데노바이러스, 간염 A 바이러스, 간염 E 바이러스 등

2) 세균성 식중독

세균성 식중독은 전 세계적으로 발생빈도가 가장 높으며 계속적으로 증가 추세이다. 그 원인으로는 ① 국제 간 교류가 활발해지면서 식품의 수출입에 따라 식중독균의 유입과 유출이 자유롭고 ② 식생활 패턴의 변화로 인한 외식, 급식의 증대로 식중독 발생이 대형화 및 동시다발적으로 변화했으며 ③ 기후 온난화 및 온방 장치의 발달 등과 같은 환경적인 변화 등으로 인해 계절과는 상관없이 균이 빠르게 증식하기 때문이다.

세균성 식중독은 균의 독력이 약하므로 균이 대량으로 증식한 식품을 섭취해야만 발생한다. 그러나 면역력이 낮은 영유아, 노인, 임산부, 환자 등은 소량의 균만으로도 발증되는 사례가 있으므로 주의가 필요하다. 이 균은 2차 감염이나 전염성이 없으며 섭취한 사람에 한하여 증상이 나타난다. 균의 잠복기가 주로 수시간으로 잠복기가 짧다. 수인성 발생이 적으며 거의 면역성이 없어 예방접종 등이 필요하지 않다. 식품의 품온, 저장온도 등을 고려하여 저온으로 저장 보관하면 어느 정도 균의 번식을 억제할 수 있다. 식중독은 일반적으로 구토, 설사, 복통, 발열 등의 증상을 나타내며, 원인물질에 따라 잠복기와 증상의 정도가 다르게 나타난다 표 10-13 .

표 10-13 세균성 식중독의 원인 및 증상

병원체	잠복기	증상	2차감염
바실러스 세레우스			
a. 구토독소	1~6시간	구토, 일부 설사, 간혹 발열	X
b. 설사독소	6~24시간	설사, 복통, 일부 구토, 간혹 발열	X
캠필로박터균	2~7일	설사(가끔 혈변), 복통, 발열	X
클로스트리디움 퍼프린젠스	8~24시간	설사, 복통, 간혹 구토와 열	X
장출혈성대장균(EHEC)	2~6일	설사(가끔 혈변), 복통(가끔 심함), 발열은 거의 없음	X
장독소성대장균(ETEC)	6~48시간	설사, 복통, 오심, 간혹 구토 · 발열	X
장병원성대장균(EPEC)	일정치 않음	설사, 복통, 발열	X
장침입성대장균(EIEC)	일정치 않음	설사(가끔 혈변), 발열, 복통	X
살모넬라균	12~36시간	설사, 발열 및 복통은 흔함	O
황색포도상구균	1~6시간(2~4시간)	심한 구토, 설사	X
장염비브리오균	4~30시간	설사, 복통, 구토, 발열	X
여시니아 엔테로콜리티카	1~10일(통상 4~6일)	설사, 복통(가끔 심하다)	X
리스테리아 모노사이토제네스	1~6주	건강인 : 감기와 유사증상 임산부 : 유산, 사산 면역력저하자 : 수막염, 패혈증	X
클로스트리디움 보툴리늄	12~36시간	구토, 복부경련, 설사, 근무력증, 착시현상, 신경장애, 호흡곤란	X

(1) *Salmonella* spp. 식중독

① 원인균

Gram 음성의 통성혐기성 간균으로 길이 2~3μm, 폭 0.5~0.7μm이며 아포, 협막은 없고 일반적으로 주모성의 편모를 가지며 운동성이 있다. 발육 최적온도는 37℃이고 10℃ 이하에서는 거의 생장하지 못한다. 고온에 약하여 60℃에서 20~30분이면 죽는다. *Salmonella* 균은 생화학적 성질에 따라서 아속 I~Ⅳ로 구분되는데 이 중에서 아속 I이 주로 병원성을 나타낸다. *Salmonella* 균 중에는 전염병균인 장티푸스균, 파라티푸스균 등도 포함되어 있다.

② 증상

일반적으로 사람에서 사람으로 전염되지 않고 음식에 오염되어 1g당 10만 개 이상 수준으로 증식된 음식을 섭취함으로써 세균성 식중독인 급성위장염을 일으키는 세균으로, 잠복기는 보통 12~24시간이다. 주 증상은 메스꺼움, 구토, 복통, 수양성설사와 38~40℃의 발열이다. 설사는 하루 수회에서 수십 회에 이르고 3~4일 계속되며, 점액변이나 점혈변인 경우도 있다. 일반적으로 3~5일이면 주 증상은 끝나고 1주일 정도면 회복된다. 중증인 경우에는 탈수증상을 나타내고 쇼크증상, 허탈, 혼수상태를 거쳐 죽는 수도 있다. 치명률은 0.3% 정도이다.

③ 원인식품

식육, 우유, 달걀 등과 그 가공품, 어패류와 그 가공품을 비롯, 도시락, 튀김, 어육연제품 등이며 식물성 식품도 원인식품이 될 수 있다.

④ 감염경로

주로 사람, 가축, 가금 등의 장내에 서식하며 그 분변으로 방출된다. 따라서 쥐, 파리, 바퀴 등의 배설물에 의하여 식품이 오염이 된다. 쥐는 *Salmonella*의 보균율이 2% 정도, 사람은 보균율이 0.02~0.2%이다. 특히 도축장에서의 식육의 오염으로 인한 2차오염이 20~30% 이상인 것으로 보고되었다.

⑤ 예방대책

식품의 *Salmonella* 균 오염을 되도록 방지하고 세균의 증식시간을 주지 않도록 식품을 섭취할 만큼만 조리한다. 조리 후 식품을 가능한 한 바로 섭취하도록 하며, 잔반은 5℃ 이하 저온이나 고온에서 보존한다. 식품은 섭취하기 전에 부득이한 경우를 제외하고는 반드시 74℃에서 1분 이상 가열 조리한다. 2차오염을 방지하기 위하여 조리에 사용했던 기구 등은 반드시 세척 · 소독하여 보관하거나 사용한다.

(2) *Campylobacter jejuni* 식중독

① 원인균

Gram 음성의 무포자 간균으로 긴 편모가 있어 screw상의 특이한 운동성을 갖는다. 3~5%의 적은 산소를 요구하는 미호기성 환경에서 생육하며, 상온의 공기 속이나 전혀 산소가 없는 혐기조건에서는 생장할 수 없다. 생육온도는 26~45℃, 최적온도는 42℃이며 25℃ 이하에서는 생육이 어려운 고온성균이다. 그러나 60℃에서 30분간 가열 시 쉽게 사멸하며, 염소용액에 민감하다.

② 증상

증상은 세균성 이질 같은 장염을 일으키는 균과 유사하다. 잠복기는 약 2~7일로 다른 식중독보다 길다. 주 증상은 설사(수회~수십 회/1일), 수양성 설사(약 1주간), 점액, 고름 및 혈액이 섞인 설사를 할 수도 있다. 보통 3~4일 정도면 회복되는 복통과 발열, 두통, 구토, 근육통이 나타난다.

③ 원인식품

생우유, 생가금류, 생고기에 존재하며, 이 균에 오염된 식품이나 물, 교차오염으로 인한 식품 간 전이가 제일 많다. 돼지, 개, 조류의 장의 내용물에서 다량 검출되기도 한다.

④ 감염경로

이 균은 소, 양, 돼지, 개, 고양이와 특히 닭 같이 체온이 이 균의 최적온도(42℃)에 가까운 동물의 장 속이나 사람의 배설물 속에서 많이 검출된다. 따라서 이 균에 오염된 분뇨가 하천수와 호수 등을 오염시켜 같은 환경하에서 자라난 식품이나 물로 전이되어 인체에 감염될 수 있다. 감염균량은 10^3/g 이하로 감염성 식중독보다 극히 미량으로도 감염증을 일으킬 수 있다. 가축이나 가금의 도살 후 해체과정에서 생육에 오염될 수도 있다.

⑤ 예방대책

대부분의 오염이 가금류를 비롯한 식육 취급 시 발생하므로 생육을 만지거나 다룬 후 손을 깨끗하게 씻고 소독하여 2차오염을 방지한다. 25℃ 이하에서는 증식하지 않아 다른 식중독과는 달리 식품의 저온저장이 필요치 않으나 생균에 의한 감염형이므로 식품을 충분히 가열하여야 한다. 이 균은 수중에서 장시간 생존할 수 있으므로 상수원이나 급수관리 시 유의해야 하며, 충분히 살균해야 한다. 식육 특히 닭고기의 생식을 피하고 열이나 건조에 약하므로 조리기구는 물로 끓이거나 소독 살균하여야 된다.

(3) *Yersinia enterocolitica* 식중독

① 원인균

Gram 음성 단간균이며 무포자균으로 길이는 0.5~1.0×1~2μm이고 편모가 있어 운동성을 갖는다. 진공포장에서도 증식할 수 있는 특성과 저온발육 특성으로 인하여 식품의 취급·보존에 방심할 수 있는 가을과 초겨울철에 식중독 감염의 원인이 될 수 있다. 생육온도 범위는 0~44℃이며 최적온도는 28~30

℃이다. 발육 pH 범위는 4.0~10.0이며 최적 pH는 7.2~7.4인 감염형 저온성 식중독균이다. 이 균은 5~7% 염용액에서 성장이 저해되며 0.945 수분활성도에서 증식이 저지된다.

② 증상

잠복기는 2~5일 정도이며, 잠복시간은 6~24시간이다. 주 증상은 발열, 설사, 구토, 두통, 복통과 급성위장질환, 패혈증 등이며, 심하면 결절성 홍반, 다발성 관절염 등과 같은 2차증상이 나타난다.

③ 감염경로

이 균은 소, 돼지, 조류 등 동물과 하천 등 자연계에 널리 분포되어 있어 이들 분변에 오염된 식품 또는 물 등에 의해 사람에게 감염된다. 이 균의 감염원 및 감염경로는 *Salmonella* 식중독과 유사하다. 특히 돼지는 *Yersinia enterocolitica*를 많이 보균하고 있어 이 균에 오염된 돈육으로 인한 감염에 주의를 해야 한다.

④ 원인식품

Yersinia enterocolitica 감염증의 원인식품은 분명하지 않지만 국내외에서 보고된 집단감염 사례에 의하면 가공유, 초콜릿밀크, 두부 사용수, 오물, 오염된 물, 돼지고기, 양고기, 쇠고기, 생우유, 아이스크림 등이 주요 원인식품으로 여겨진다.

⑤ 예방대책

이 균은 저온에서 생육이 억제되지 않으며 균이 0℃에서도 증식이 가능한 점을 고려할 때 냉장 및 냉동육과 그 제품의 유통과정에 주의하여야 한다. 63℃에서 30분간 저온살균에 의해 사멸, 75℃에서 3분 이상 가열한 경우 식중독을 방지할 수 있다. 돼지가 주 오염원이므로 도축장의 위생관리 및 돈육 취급

시 조리기구와 손을 깨끗이 세척 · 소독해야 한다.

(4) *Bacillus cereus* 식중독

① 원인세균

Gram 양성의 간균으로 주모성 편모가 있고 아포를 형성한다. 통성혐기성이고 10~48℃에서 발육하며 최적온도는 28~35℃이다. pH 5.7과 7% 식염에서 생육이 가능하다. 아포는 내열성이어서 135℃로 4시간 가열하여도 죽지 않는다. 전분 분해작용, 단백 소화작용이 강하며 자연계에 널리 분포하고 전분성 식품에서 많이 검출된다. 이 균이 생산하는 enterotoxin은 설사원성으로 장관에서 adenylate cyclase를 활성화하여 균의 대수증식기나 또는 아포 형성 전의 대수증식 후기에 생산되는 균체 외독소이다. Trypsin에 의해 분해되고 열에 약해서 60℃로 20분간 가열하면 파괴된다.

② 증상

성상에 따라 설사형과 구토형으로 구분된다. 설사형은 잠복기가 8~16시간으로 평균 12시간이며, 주 증상은 배꼽 언저리의 비교적 강한 복통과 수양성 설사이고, 때때로 메스꺼움과 구토, 두통, 발열 등을 나타낸다. 증상은 대개 경증이며 Welchii 균에 의한 식중독과 아주 비슷하다. 구토형은 잠복기가 1~5시간으로 평균 3시간이며, 주 증상은 메스꺼움과 구토이지만 설사와 복통이 상당히 빈번하며 두통도 자주 따르고 때때로 발열 등을 나타낸다. 대체로 그 증상이 포도상구균 식중독과 비슷하다.

③ 원인식품

설사형 원인식품은 주로 향신료를 사용한 식품이나 요리로서 육류나 채소의 수프, canilla sauce, pudding, 소시지, 크림 등으로 식품의 종류가 다양하다. 구토형은 주로 쌀밥이나 그 조리식품인 볶음밥 등 탄수화물 식품이다.

④ 예방대책

원료단계에서 오염되어 있는 것이 많기 때문에 오염 자체를 완전히 차단하는 것은 현실적으로 불가능하다. 가열조리 시 일반세균은 사멸하지만 내열성 아포균은 생존하여 발육 증식하므로 조리한 식품은 신속히 섭취하고 일시 보관한 식품은 재가열하여 섭취하여야 하며 그렇지 않으면 10℃ 이하로 냉각 보존하여야 한다.

(5) *Listeria monocytogenes* 식중독

① 원인균

Gram 양성, 통성혐기성 균으로 아포, 협막은 없으며 다발성 편모가 있어 운동성이 있다. 특히 20~25℃에서 운동성이 왕성하며 37℃에서는 운동성을 상실한다. 중성 혹은 약알칼리성 pH에서 생육이 왕성하며 pH 4.5 혹은 그 이하에서도 발육하거나 장시간 생존할 수 있으며 내염성도 비교적 강하다. 이 균의 특징은 −0.4~50℃의 범위에서 증식이 가능하며, 냉장온도에서도 생존하여 −4.5℃에서도 서서히 증식한다. 그러나 냉동온도인 −18℃에서는 증식하지 못한다. 일반적으로 살균 및 멸균 조건으로 사멸되며 소독제나 항생물질에 대한 감수성은 비교적 높은 편이다. 이 균에 의한 사망률은 약 20~40%로 매우 높다.

② 증상

이 균은 양의 유산이나 수막염의 원인균으로서 자연계에 널리 분포되어 있고 인체 내의 감염은 오염된 식품 등을 섭취하거나 경구를 통하여 이뤄진다. 감염된 동물과의 직접적인 접촉에 의해서도 가능하다. 두 가지 주요 임상적 증상은 패혈증과 뇌수막염이며, 특히 면역력이 저하된 고위험군 사람들에게 발생하여 리스테리아증 listeriosis을 일으킨다. 건강한 개인의 73%가 이 균에 반응하는 T 림프구를 지니고 있어 증상이 없거나 오염식품 섭취 약 12시간 후 감기와 같은 증상을 나타내며 드물게는 설사, 복통을 일으킨다.

③ 감염경로

*L. monocytogenes*는 감염된 동물과의 직접적인 접촉, 부적절한 축산제품의 취급 · 처리 및 적절하지 못한 물의 사용 등으로 감염된다. 원유, 살균처리하지 않은 우유, 핫도그, 치즈(특히 소프트치즈), 아이스크림, 소시지 및 건조소시지, 가공 · 비가공 가금육, 비가공 식육제품과 비가공 · 훈연생선 및 채소류, 조리 후의 저온 보존식품 등이 리스테리아 식중독의 주요 원인식품으로 알려져 있으며, 새로운 공중보건학적 문제로 대두된 상태이다. 소, 산양, 말, 돼지, 닭, 오리 등에 많이 감염되며 때때로 사람에게도 감염된다.

④ 예방대책

*L. monocytogenes*는 자연에 널리 분포되어 있고, 생장조건이 까다롭지 않으며, 고염, 저온상태 등 식품가공 및 식품 저장법으로 널리 사용되고 있는 환경에서도 잘 적응하여 생장하기 때문에 균의 오염 자체를 예방한다는 것은 매우 어려운 일이다. 냉장 · 냉동식품의 저장 시 철저한 온도유지 및 식육, 생선과 다른 제품의 분리 보관에 의한 2차오염의 예방에 주의해야 한다. 열에 약하므로 70℃ 이상 가열하면 균을 사멸시킬 수 있다. 육제품 및 유제품 제조 · 가공 시설이 오염되지 않도록 하고, 식품취급업소에서는 냉장, 냉동식품에 대한 철저한 온도관리 및 2차오염의 예방에 주의해야 한다.

(6) *Vibrio parahaemolyticus* 식중독

① 원인균

염도 3~5% 전후 호염균인 통성혐기성 해수세균이며 Gram 음성의 포자가 없는 간균(0.5~0.8×5μm)으로 편모가 있어서 운동성이 있다. 혈액한천배지로 배양 시 주변에 투명한 용혈 환을 형성하는 카나가와 현상 Kanagawa phenomenon: KP을 유발한다. 이는 냉혈성 용혈독을 생성하여 설사를 유발한다.

② 원인식품

해산어패류, 생선회, 수산식품(게장, 생선회, 오징어무침, 꼬막무침 등) 및 그 가공품이 원인식품이다.

③ 증상

잠복기는 8~24시간 내외로 평균 12시간 정도이다. 빠를 경우 수시간 내에 증상이 나타날 수도 있다. 복통과 설사를 동반하는 급성 위장염이 주 증상이며, 발열 시 고열을 동반하지는 않지만 중증인 경우 혈변이 나타난다.

④ 감염경로

해수 중의 다양한 환경(흙, 해초, 플랑크톤)에 오염된 어패류와 이를 취급하는 사람이나 조리기구로부터의 2차오염 등이 감염경로이다. 이 균은 어패류의 체표와 내장 및 아가미 등에 부착되어 있다가 이를 조리하는 사람의 손과 기구로 전이, 다른 식품에 2차오염되어 식중독을 발생시킨다.

⑤ 예방대책

특히 여름철 생수나 어패류의 생식을 금하여야 한다. 생식 시 어패류는 수돗물로 잘 씻고, 횟감용 칼, 도마는 구분하여 사용하여야 한다. 오염된 조리기구는 세정, 열탕 처리하여 2차오염을 방지하여야 한다. 어패류는 냉장보관하여 균의 증식을 방지하고, 식품은 가열한 후 섭취하며 가능한 한 생식은 피하는 것이 좋다.

(7) *Vibrio cholerae* 식중독

① 원인균

Gram 음성 간균이며 1개의 편모를 가지고 있어 운동성이 있다. 저항성이 약하여 56℃에서 15분 가열하거나 끓는 물에서는 죽지만 저온에서는 저항성이 강해 하수에서 약 9개월, 바닷물에서 3주 정도 생존한다.

② 원인식품

어패류, 생선회, 수산식품(게장, 생선회, 오징어무침, 꼬막무침 등)이 원인식품이다.

③ 증상

잠복기는 보통 24시간 내외로 평균 12시간 정도이다. 주 증상은 잠복기 후 쌀뜨물 같은 심한 설사를 하지만 복통, 구토 및 발열은 거의 없다. 극심한 설사로 인해 탈수현상을 초래하여 적절한 치료를 하지 않으면 사망하는 수도 있다.

④ 감염경로

해수 중에 서식하는 장염비브리오균의 증식이 적합한 하절기에 근해의 오징어, 문어 등 연체동물과 고등어, 조개 등 어패류의 체표, 내장과 아가미 등에 부착하여 있다가 근육으로 이행되거나 유통과정 중에 증식하여 식중독을 일으킨다. 특히 어패류의 체표와 내장 및 아가미 등에 부착되어 있다가 이를 조리한 사람의 손과 기구로 전이, 다른 식품에 2차오염되어 식중독을 발생시킨다.

⑤ 예방대책

콜레라균은 내염성 세균으로 해수에 오래 생존하여 어패류를 오염시키므로 유행할 때에는 생수나 어패류의 생식을 금하여야 한다. 어패류는 수돗물로 잘 씻고, 횟감용 칼, 도마는 구분하여 사용하여야 한다. 오염된 조리기구는 세정, 열탕 처리하여 2차오염을 방지하여야 한다. 가능한 한 생식을 피하고, 이 균은 60℃에서 5분, 55℃에서 10분의 가열로서 쉽게 사멸되므로 반드시 식품을 가열한 후 섭취한다.

(8) *Vibrio vulnificus* 식중독

① 원인균

Gram 음성의 만곡형 간균이며 극단모성 편모가 있어 운동성이 있다. 식염 농도가 1~3%인 배지에서 잘 번식하나 8% 이상의 식염 농도에서는 증식하지 않는 호염세균이다. 산성용액에는 사멸되고 알칼리에서는 증식하며, 4℃ 이하에서는 활동이 중지되고 60℃ 이상에서는 사멸된다.

② 원인식품

하절기에 바지락, 조개, 낙지, 꽃게, 성게젓, 홍어회, 피조개 등을 생식한 경우나 이 균에 오염된 생선이나 게 등에 찔리거나 물리면 피부의 상처를 통해 감염된다.

③ 증상

잠복기는 20시간이며, 원발성은 다리 부분에서부터 적갈색의 수포가 생겨 둔부, 요부, 견부 등으로 옮아간다. 이후에 피부의 발적 및 괴저현상과 더불어 근태감, 오한, 두통 등이 반복되다가 괴사가 심해지면 2~3일 이내에 쇼크로 인하여 사망한다. 치사율은 46% 정도로 아주 높다. 사망자는 간질환이나 당뇨병과 같은 질환을 앓고 있는 사람이 대부분이다.

④ 감염경로

이 균에 오염된 어패류의 섭취에 의해 발증하거나 오염된 해수가 피부에 접촉되어 균이 침입해 발증한다. 오염된 어패류 섭취 후 24시간 이내에 발병하고, 피부 병변을 수반한 패혈증에 이르는 경우가 있다. 주로 면역력이 약해 저항력이 떨어져 있는 사람에게서 나타나는 질환으로 발병 후 사망률은 50% 이상으로 매우 높다. 주 증상은 오한, 발열, 저혈압 등의 패혈증 특유의 증상에 사지의 격통, 홍반, 수포, 출혈반 등 창상감염과 유사한 피부병변이 나타나기도 한다.

⑤ 예방대책

균의 생육이 왕성한 하절기에는 어패류의 취급 및 생식 시 각별한 주의를 요한다. 어패류는 철저히 저온저장하여 균의 증식을 최대한 억제해야 하며, 특히 피부에 상처가 있는 사람은 어패류 취급 및 조리를 하지 않는 것이 좋다.

(9) *Escherichia coli* 식중독

① 원인균

Gram 음성, 무아포, 간균으로 주모성 편모를 가지며 호기성 내지 통성 혐기성균이다. 열에는 약하여 60℃에서 15~20분간 가열하면 사멸하며, 발육에 적합한 온도는 37℃이다. 병원성 대장균은 일반적으로 4가지가 있다. *E. coli* O157:H7과 같이 베로독소 Verotoxin를 생성하는 장관출혈성 대장균 Enterohemorrhagic *E. coli* : EHEC, enterotoxin을 생성하는 장관독소원성 대장균 Enterotox genic *E. coli* : ETEC과 대장점막의 상피세포에 침입하여 조직 내 감염을 일으키는 장관침입성 대장균 Enteroinvasive *E. coli* : EIEC, 성인에게 급성위장염을 일으키는 장관병원성 대장균 Enteropathogenic *E. coli* : EPEC이다. 이들의 종류와 특징은 표 10-14와 같다.

표 10-14 병원성대장균의 종류와 특성

특성	병원성 대장균(*Escherichia coli*)			
	장관출혈성대장균(EHEC)	장관독소원성대장균(ETEC)	장관침입성대장균(EIEC)	장관병원성대장균(EPEC)
독소생산	0	0	x	x
	베로독소(Verotoxin)	이열성 / 내열성 독소(LT/ST)		
주요 증상	수양성 / 심한 혈액성	수양성 / 설사낮은 발열	점액성 / 혈액성발열	수양성 / 혈액성발열
장관침입	x	x	0	x
주요 감염장관	대장	소장	대장	소장
감염균량	10~10^3 적은 양	10^7~10^9 많은 양	10^5~10^6 적은 양	10^6~10^9 이상 많은 양

② 원인식품

이 균은 광범위하게 분포하기 때문에 원인식품이 특정한 식품에 한정되어 있는 것은 아니며, 환자와 보균자의 분변으로부터 직·간접으로 오염되는 식품이면 모두 원인식품이 될 수 있다. 햄, 치즈, 소시지, 채소샐러드, 분유, 두부, 음료수, 어패류 및 주먹밥, 급식 도시락 등이 주요 원인식품이며 영유아에서는 오염된 우유가 원인식품이 된다.

③ 증상

■ 장관출혈성 대장균(Entero-hemorrhagic *E. coli* : EHEC)

법정전염병으로 지정되어 있으며 감염되면 혈변과 심한 복통 등을 일으키나 발열은 없거나 적다. 혈변성 설사는 장관에서 대장균이 분열, 증식하면 대장점막에 궤양이 생겨 조직이 파괴 및 출혈에 의해서 생기므로 선명한 붉은 빛을 띤다.

■ 장관독소원성 대장균(Entero-toxigenic *E. coli* : ETEC)

콜레라균과 유사한 쌀뜨물 같은 설사증을 유발시키는 독소를 생산하고, 생균 감염으로 소장 상부에 증식한다. 보통 수양성에서는 점혈액이 혼합되어 있지 않다. 장염과 여행자설사증의 원인균이며, 보통 12~24시간의 잠복기를 갖는다. 독소는 60℃에서 10분 정도 가열하면 활성을 잃는 이열성 독소 heat labile enterotoxin, LT와 100℃에서 30분간 가열해도 활성을 잃지 않는 내열성 독소 heat stable enterotoxin, ST로 나눌 수가 있다.

■ 장관침입성 대장균(Entero invasive *E. coli* : EIEC)

이질과 유사한 발열 복통을 주 증상으로 하며, 이 균은 대장점막의 상피세포에 침입하여 증식한다. 점액, 농 및 혈액이 섞인 설사는 장관에서 대장균이 분열, 증식하면서 장점막이 괴사되어 궤양이 생기기 때문이다. 잠복기는 2~48

시간으로 평균 18시간이다.

■ 장관병원성 대장균(Entero-pathogenic *E. coli* : EPEC)

1세 이하의 영유아 감염설사의 70%가 장관병원성 대장균에 의한다. 이 균은 소장에서 증식하여 잠복기는 10~30시간으로 두통, 발열, 구토, 설사, 복통을 일으킨다. 독소는 생성하지 않는다.

④ 감염경로

이 균은 환자나 보균자의 분변과 소, 돼지와 개, 고양이 등에 보균되어 있으므로 그 분변도 중요 감염원이 된다. 자연계에서는 하천수와 어패류 등에서 분리 검출되므로 1차 및 2차 오염으로 감염된다. 보균자가 화장실을 비위생적으로 사용할 때도 감염이 가능하다. 유아용품 및 용구를 매개로 감염되며 유아시설과 병원 내에서도 감염 가능성이 있다.

⑤ 예방대책

주요 감염원인 소를 비롯한 동물의 장내로부터 식육으로의 오염을 최소화하기 위하여 가축사육장, 도축장, 육류가공처리과정에 대한 오염방지를 위해 모든 종사자에 대하여 교육을 실시한다. 우유나 유제품은 반드시 살균하여야 한다. 정화되고 염소 소독된 식수를 공급하여야 한다. 손씻기 및 손톱깍기 등의 개인위생을 철저히 하며 육류는 충분히 익혀 먹고 야채류는 깨끗이 씻어서 섭취한다. 설사 환자들의 식품 취급 및 조리 종사, 수용시설 종사를 금지시킨다.

(10) *Cronobacter spp.* 식중독

① 원인균

*Cronobacter spp.*는 장내세균과 Enterobacteriaceae에 속하는 비포자 · 운동성의 통성혐기성 Gram 음성간균이다. 1980년대 Riichi Sakazakii에 의해

E. sakazakii 라는 이름으로 명명되기 전까지는 *E. cloacae*로 알려져 왔으나 생화학적 특성과 항체 감수성 등의 분석에 의한 차이를 발견하고 지금의 이름으로 변경되었다.

② 원인식품

이 균의 오염경로는 아직까지는 완벽히 밝혀져 있지는 않으나 건조환경에 매우 강한 물리적 특성을 보이기 때문에 분말조제분유, 분말이유식 및 시리얼 등과 같은 완전건조식품이 주요 원인식품이라 여겨지고 있다. 그러나 이 외에도 고기, 채소, 곡류 및 향신료와 같은 다양한 식품에서도 검출이 되기 때문에 전 세계적으로 주목하고 있으며 신종유해세균으로 분류하고 있다.

③ 증상

면역력이 결핍되었거나 완전하지 않은 조산아, 신생아 및 영유아가 이 균에 감염되었을 경우 패혈증, 뇌염, 수막염 및 괴사성장염 등의 증상을 동반하며, 심한 경우 사망을 초래했다는 전 세계적인 보고가 있다. 다행히도 국내에서는 이 균에 의한 식중독 사고 사례는 보고되지 않았다.

④ 예방대책

이에 따른 대표적인 예방책으로는 70℃ 이상의 물로 분유를 조제하는 것과 식인 후 즉시 수유하는 것, 또한 조제 시 사용한 용기를 살균 소독하는 것이다.

(11) *Staphylococcus aureus* 식중독

① 원인균

Gram 양성 통성혐기성균으로 직경 0.8~1.0μm인 구균이다. 아포나 편모는 없어 운동성이 없으며 식염 10% 농도에서도 생육할 수 있는 내염성 세균이다. 수분활성도가 낮은 식품에서도 증식 가능하며 냉동을 하여도 죽지 않는다. 이 균은 독소형으로 4~5개 정도의 구균이 모여 있는 경우가 많은데, 고형배지에서 포도송이 모양을 이뤄 포도상구균이라 부른다. 발육온도는 4~46℃, 발육최적온도 35~38℃의 중온균이다. 이 균을 80℃에서 10분간 가열하면 사멸되며 발육가능 pH는 4.2~9.3, 최적 pH는 7.0~7.5이며 pH 4.3 이하에서는 사멸한다.

② 원인식품

유가공품, 축산물, 과자류, 곡류, 곡류 가공품, 주먹밥, 도시락 등의 복합조리식품, 크림, 소스, 어육 연제품 등이다. 이 균은 탄수화물을 많이 함유하는 식품에 많은 것이 살모넬라균과 다른 점이다.

③ 증상

증상은 *B. cereus* 식중독균 구토형과 유사하여 세균검사를 통해서만 구별이 가능하다.

잠복기는 0.5~6시간, 평균 2.5~3시간으로 장독소량 및 독소에 대한 감수성의 차이에 의해 잠복기 및 증상 정도가 다르다. 발병률이 낮으며 메스꺼움, 구토, 오심, 구역질, 구토를 하나 발열증상은 거의 없다. 수양성 설사를 하며 드물게는 점액성을 동반하나, 혈변은 나타나지 않는다. 24~48시간 내 회복 가능하므로 치사율은 낮다.

④ 감염경로

동물의 피부와 점질피막에 보편적으로 존재하므로 일반적으로 건강한 사람의 보균율은 30~40%, 이 중 20~30% 균주가 식중독 유래 균주와 같은 정도의 장독소 0.5~수μg/mg을 생성한다. 식품취급자의 편도선염이나 손가락 등의 화농성 염증 등을 통해서도 오염된다. 토양, 하수 등의 자연계에 널리 분포하며 건강인의 약 30%가 이 균을 보균하고 있으므로 언제든지 식품에 혼입될 가능성이 있다. 자연계에 널리 분포하고 있어 오염경로도 다양하다.

⑤ 예방대책

식품제조에 필요한 모든 기구와 기기 등을 청결히 유지하여 2차오염을 방지한다. 원료의 오염방지와 충분한 열처리를 한다. 식품조리 종사자의 위생관리에 중점을 두고, 특히 화농성 염증이 있는 경우 식품 다루는 작업에서 제외시킨다. 식품은 적당량을 조속히 조리한 후 모두 섭취하고, 식품이 남았을 경우에는 실온에 방치하지 말고 5℃ 이하에 냉장 보관한다. 주의해야 할 점은 가열조리로 황색포도상구균을 사멸시킬 수 있지만, 식중독의 원인독소인 enterotoxin은 내열성이므로 100℃ 30분간 가열로도 사멸되지 않는다. 따라서 독소생성 후의 가열처리는 식중독 예방 의미가 없다. 이 점을 주의하여 식중독 예방에 힘써야 한다.

(12) *Clostridium botulinum* 식중독

① 원인균

Gram 양성, 내열성의 아포를 형성하는 편성혐기성 간균이며 주모성 편모를 가지고 있어 운동성이 있다. 이 균은 독소형으로 면역학적 특징에 따라 A, B, C1, C2, D, E, F 및 G형 등 8종으로 분류한다. A, B, E 및 F형 균은 사람에게, C, D형은 가축, 조류 등에게 중독을 일으킨다. A형 균은 야채, 과일, 육류와 관련이 깊고, B형 균은 육류, 사료 등과, E형 균은 주로 어패류, F형 균은 특히 육류와 각각 관련이 깊다. 독소는 매우 독성이 강하나 열에 불안정하여 80℃ 20분과 100℃ 1~2분 가열로 파괴된다. 발육최적온도는 25~35℃, 발육최적 pH는 6.0~8.0, pH 6.0 이하에서는 아포 형성이 되지 않는다. 대부분의 균은 중온성인데 E형은 5℃의 저온에서도 발육하는 특성을 갖고 있다.

② 증상

식품 내독소형 식중독으로 식품 내에 원인균의 증식으로 생성된 독소를 섭취하여 발병되며 세균성 식중독 중에서 가장 치명률(약 30~80%)이 높다. 잠복기는 8~36시간이며 2~4시간에 신경증상이 나타나기도 한다. 주요증상은 현기증, 두통, 신경장애, 호흡 곤란이다. 초기에는 식중독의 일반 증상인 구토, 오심, 소화기 장애 등이 나타난다. 독소로 인한 특이증상은 약시, 복시, 무시, 동공산대 등의 눈과 관련된 증상이다. 심해지면 신경마비로 인하여 언어장애, 연하장애, 실성, 복부팽만, 기립불능이나 보행이 곤란해지는 등의 증상이 있고 심하면 사망에 이르기도 한다.

③ 원인식품

혐기적 환경과 영양분이 좋은 통조림, 병조림, 레토르트 식품, 식육, 소시지, 생선 등이다. 이들 중 육제품의 소비가 많은 구미에서는 A형, B형 균에 의한 식중독이 많고, 북위 40° 이북인 일본, 캐나다, 러시아, 스칸디나비아 등에서는 주로 E형 균이 발성한다. 야채류 중 강낭콩, 옥수수, 시금치, 아스파라거스, 올리브 등 주로 통조림을 만들 수 있는 재료에서 나타나며 과실의 경우 앵두나 배에서 나타난다.

④ 감염경로

이 균에 오염되어 있는 육류, 채소, 어류 등의 식품 원재료를 취급, 조리, 가공 중 부적절하게 처리하면 포자가 사멸되지 않고 생존하게 되며, 환경조건이 혐기적일 때 아포가 발아하여 증식하면서 독소를 생산하게 되어 식중독을 유발한다.

⑤ 예방대책

식품 원재료에는 포자가 있을 가능성이 높으므로 채소와 곡물을 반드시 깨끗이 세척하고 생선 등 어류는 신선한 것으로 조리해야 한다. 식품 원재료를 조리 · 가공 및 기타 통조림 · 병조림으로 제조할 때에 120℃에서 4분이나 100℃에서 30분 가열로 포자를 완전히 사멸시켜야 한다. 이 균의 독소는 단시간의 가열로 불활성화되므로 통조림 · 병조림 및 기타 저장식품도 반드시 가열

후 섭취하여야 한다. 또한 식품을 pH 4.5 이하, 수분활성도 0.94 이상 및 온도 3.3℃ 이하의 처리방법이나 초산염 첨가로 포자의 발아나 균의 증식을 저지시키는 화학적 방법도 가능하다.

3) 바이러스성 식중독

(1) Norovirus(노로바이러스)

노로바이러스는 작은 구형을 띠고 직경이 25~35nm이며 외가닥의 RNA를 가진 껍질이 없는 Non-envelop 바이러스이다. 1968년 미국의 오하이오 주 노워크 Norwalk 지역 집단 식중독 환자 분변에서 최초로 분리된 바이러스로서 '노워크바이러스', '캘리시바이러스', '소형구형 바이러스 SRSV' 라고도 불린다. 사람의 장관 내에서만 증식할 수 있으며, 동물이나 세포배양으로 증식되지 않는 바이러스다.

증상으로는 오심, 구토, 설사, 복통, 두통, 미열 등이며, 잠복기는 24~48시간이다. 이 균의 감염경로는 환경에 노출된 분변 · 구토물의 바이러스가 물, 음식물, 손 등을 통해 사람의 경구로 감염된다. 사람의 장관 내에서 증식되어 발병하게 되며, 2차감염을 야기시킬 수도 있다.

노로바이러스에 감염된 사람이나 감염자의 변, 구토물과 접촉하지 않아야 하며, 접촉한 경우 세척 및 소독을 충분히 실시하여야 한다. 또한 조리자는 용변을 본 후나 조리하기 전에 반드시 손을 잘 씻고 소독을 하여야 한다. 과일 및 채소류는 깨끗이 씻어서 섭취하여야 하며, 굴 등의 어패류는 가급적 완전히 가열하여 섭취해야 한다. 질병 발생 후에는 오염된 표면은 소독제로 철저히 세척 및 살균하여야 하며, 바이러스에 감염된 옷과 이불 등은 즉시 비누를 사용하여 뜨거운 물로 세탁하여야 한다.

(2) Rotavirus(설사성 로타바이러스)

로타바이러스는 바이러스성 감염형으로 위장염을 유발하는데 미국에서는 매

년 300만 명 이상이 감염되는 것으로 알려졌다. 이 바이러스는 직경이 75nm의 구형 병원체이며 2개 체인의 RNA를 가지고 있다. A, B, C, D, E, F, G 군으로 분류되나 사람에게는 A, B, C 군이 보고되고 있다. 잠복기는 1~3일 주 증상은 설사, 구토와 발열이며, 감염경로는 물, 비말감염, 병원감염, 대변 등에 의한 사람의 경구감염이며 2차감염을 유발할 수도 있다. 오염된 손에 의한 사람과 사람 사이의 전이와 먹기 전에 가열하지 않은 음식에서 바이러스가 전파된다. 로타바이러스의 예방을 위해서는 철저한 손씻기와 같은 개인위생이 중요하며, 특히 화장실을 다녀오거나 식품을 다루기 전 손을 깨끗이 씻어야 한다.

4. 곰팡이 독

곡류 및 농산물 등에는 여러 종류의 미생물이 기생하는데 이 중 곰팡이가 위생상 문제가 되고 있다. 곰팡이에 오염이 되면 곰팡이 독 mycotoxins이 생성되는데, 이는 곰팡이가 생산하는 2차 대사산물로서 사람이나 가축에게 질병이나 이상 생리작용을 유발하는 물질이다. 곰팡이 독소는 탄수화물이 많은 곡류에 발생하며 cellulase, amylase 등의 활성이 강한 *Aspergillus*, *Penicillium* 및 *Fusarium* 속 등이 대표적이다.

1) Aflatoxin(아플라톡신) 독

Aspergillus 속 곰팡이의 2차 대사산물인 Aflatoxin은 1960년 영국에서 십만 마리 이상의 칠면조가 간장 장애를 일으켜 폐사하는 사고가 발생하여 그 원인을 조사·분석한 결과 브라질에서 수입한 땅콩 박에 *Aspergillus flavus*가 오염되어 생성한 물질이 원인으로 확인되었으며 이 곰팡이 이름을 따서 Aflatoxin이라 명명하였다.

Aflatoxin은 B_1, B_2, B_2a, G_1, G_2a, M_1, M_2, H, L, P_1, Q 등의 다양한 이성

체가 있으며 Aflatoxin의 급성 독성은 LD_{50} 240μg/kg으로 Aflatoxin B_1이 가장 강하고 사람을 비롯한 동물, 조류, 어류 등에 침입되어 심한 간기능 장애를 동반한 중독증상을 나타낸다. Aflatoxin B_1은 강한 발암성이 있어 rat에 15ppb의 Aflatoxin B_1을 포함한 사료를 투여하면 68~82주 내에 100% 간암이 생긴다.

이 균은 탄수화물이 풍부한 쌀, 보리, 콩, 옥수수 등의 곡류와 땅콩과 같은 견과류 등에서 생성 최적조건인 수분 16% 이상, 온도 25~30℃, 상대습도가 80~85%가 되면 생성된다.

2) Ochratoxin(오크라톡신) 독

Aspergillus 속 곰팡이에 의해서 생산되며 *Penicillium* 속 곰팡이에 의해서도 2차 대사산물인 오크라톡신이 생성된다. 주요 농작물로는 쌀, 보리, 밀, 옥수수, 콩 등이다. 현재 Ochratoxin A, B, C가 알려져 있고 이 중 Ochratoxin A가 독성이 매우 강하며 간장장애와 신장장애를 일으킨다.

3) 황변미(yellow rice) 독

Penicillium 속 곰팡이에 의해서 생산되는 citrinin, citreoviridin, luteoskyrin 및 Islanditoxin은 특히 저장곡류에 오염이 되어 적색 또는 황색의 색소를 생성하여 황변미를 유발한다. *Penicillium* 속 중 *Penicillium toxicarium*은 가장 강력한 신경독으로 알려져 있고 *Penicillium citrinum*은 신장독으로서 급성 또는 만성 신장괴사 necrosis를 일으킨다.

4) Zearalenone(제라레논) 독

*Fusarium graminearum*에 의해서 생산되는 주요한 독소로서 이 곰팡이에 오염된 옥수수, 보리, 목초 등을 먹은 가축이나 돼지 등의 축산물에서 검출된다. 이 독소에 의해 중독되었을 경우 체내에서 estrogen 작용을 하여 최종적으로 외음부, 유방 및 자궁의 종창을 유발한다.

참고문헌

노완섭 외 11인. New 식품미생물학. 지구문화사. 2008.
민경찬 외 4인. 식품미생물학. 광문각.
민경찬 외 5인 필수 식품미생물학. 지구문화사. 2005.
민봉희, 박성주, 박용근, 백형석, 이건형, 이호용, 한홍의. 미생물 과학. 효일. 2000.
박상대. 분자세포생물학. 아카데미서적. 2001.
배무, 아영록. 최신미생물학. 아카데미서적. 2000.
서울대학교미생물연구소. 미생물도감. 2004.
식품공전. 식품의약품안전청. 2008.
유주현, 변유량. 식품미생물학. 효일. 2007.
유태종, 홍재훈, 김영배, 이효, 김영애, 황한주, 소명환, 이효구. 최신식품미생물학. 문운당. 1999.
이삼빈, 고경희, 양지영, 오성훈. 발효식품학. 효일. 2001.
이한창, 박인숙. 발효식품학. 신광출판사. 2004.
이헌주, 주윤정, 박찬선, 이정숙, 박용하, 안종석, 민태익. 파김치와 배추김치의 발효양상. Korean J. Food Sci. Technol. 31:488-494. 1999.
하덕모. 최신식품미생물학. 신광출판사. 2000.
허윤행 외 5인 . 식품미생물학. 지구문화사. 2008.

Atlas R.M. Principles of Microbiology. 2nd ed. WCB MaGraw-Hill. 1997.
BarnnettJ.A., R. W. Payne, D. Yarrow. Yeasts characteristics and identification. 2nd ed. Cambridge University Press, Cambridge. 1990.
Berkowitz, M. "World's Earliest Wine". Archaeology (Archaeological Institute of America) 49 (5). 1996.
Buchana, R.E. and N.E. Gibbons. Bergey's mannual of determinative bacteriology 8th ed. The Williams & Willikins Company. Batimore. 1974.
Deacon J. W. Modern Mycology. 3rd ed. Blackwell Science. Ltd1997.
Dolye, M. P. and L. R. Beuchat. Food Microbiology: Fundamentals and Frontiers (3rd ed.). ASM Press. 2007.
Gerard J. Tortora, Berdell R. Funke, Christine L. Case. Microbiology and Introduction. 6th ed. The Benjamin/ Cummings Publishing Co. 1998.
Hankin, L. and G. H. Lacy. Compendium of methods for the microbiology examination of foods 2nd. ed. American Public Health Association.

Washington, D.C. 1984.

Jay, J. M., M. J. Loessner, and D. A. Golden. Modern Food Microbiology (7th ed.). Springer Sceince+Business Media Inc. 2005.

Karp, G. Cell and Molecular Biology, Jhon Wiley and Sons. 1996.

Lodder, J. General classification of the yeasts. In J. Lodder(ed.), The yeasts. 3d ed. North–Holland Publishing Co. Amsterdam. 1984.

Madigan M.T., Martinko J.M. and Parker J. Brock Biology of Microorganisms. 10th ed. Prentice Hall. Upper Saddle River. 2003.

Michael T. Madiganm John, M. Martinko and Jack Paeker. Brock Biology of Microoreganisms. 10th ed. Prentice Hall. 2003.

Miguel Ulloa and T. H, Richard. Illustrated Dictionary of Mycology. The American Pyrioathological Society St. Paut Minnesota. 2000.

Montville, T. J. and K. R. Matthews. Food Microbiology: An introduction. ASM Press. 2005.

Raper, K.B., and D.I. Fennell. The genus Aspergillus. The Williams & Wilkins Company, Baltimore. 1965.

Ray, Bibek and A. Bhunia. Fundamental Food Microbiology 4th ed. CRC Press. 2008.

William C. Friazier and Dennia C. Wesihoff. Food Microbiology. 4th ed MacGrowhill. 1988.

찾아보기

[국문]

ㅅ

ㅇ

ㅈ

ㅊ

ㅋ

ㅌ

ㅍ

ㅎ

[영문]

저자 소개

한 영 숙
성신여자대학교 가정교육과 졸업
일본 奈良女子大學 식품미생물학 박사
현재 성신여자대학교 식품영양학과 교수

박 신 인
이화여자대학교 식품영양학과 졸업
성균관대학교 대학원 식품생명자원학과 박사
현재 가천대학교 식품영양학과 교수

엄 애 선
한양대학교 식품영양학과 졸업
한양대학교 대학원 식품영양학과 박사
현재 한양대학교 식품영양학과 교수

김 회 경
순천대학교 동물자원과학과 졸업
미국 The University of Georgia 식품공학과 Ph.D.
현재 원광대학교 식품영양학과 교수

남 은 숙
성균관대학교 식품생명공학과 졸업
성균관대학교 대학원 식품생명공학과 박사
현재 서강대-빙그레 식품첨단분석센터팀장
서강대학교 화공생명공학과 연구교수

오 지 영
성신여자대학교 식품영양학과 졸업
성신여자대학교 대학원 식품영양학과 박사
현재 CJ제일제당(주) 식품연구소 수석연구원

박 신 영
삼육대학교 영양학과 졸업
Texas A&M University 식품공학과 Ph.D.
현재 한양대학교, 대진대학교, 동남보건대학교 외래교수

식품미생물학

2009년 9월 5일 초판 발행
2015년 3월 5일 3쇄 발행

지은이 | 한영숙 · 박신인 · 엄애선 · 김회경
남은숙 · 오지영 · 박신영
발행인 | 유제구
발행처 | 파워북
주 소 | 경기도 고양시 일산동구 호수로 358-25
동문굿모닝타워2차 529호
전 화 | (02) 730-1412
FAX | (031) 908-1410
등 록 | 1997. 1. 1 제 300-1997-13

정 가 19,000원
ISBN 978-89-8160-136-2